中美科技巨头

从BATH × GAFA看中美高科技竞争

［日］田中道昭◎著

李竺楠 蒋奇武◎译

浙江人民出版社

图书在版编目 (CIP) 数据

中美科技巨头：从BATH×GAFA看中美高科技竞争 /
（日）田中道昭著；李竺楠，蒋奇武译 . — 杭州：浙江
人民出版社，2019.9

ISBN 978-7-213-09438-5

Ⅰ. ①中… Ⅱ. ①田… ②李… ③蒋… Ⅲ. ①科学技
术－竞争战略－对比研究－中国、美国 Ⅳ. ①G322
②G327.12

中国版本图书馆 CIP 数据核字（2019）第 188695 号

中美科技巨头：从 BATH×GAFA 看中美高科技竞争

［日］田中道昭　著　李竺楠　蒋奇武　译

出版发行：浙江人民出版社（杭州市体育场路 347 号邮编 310006）

市场部电话：（0571）85061682 85176516

责任编辑：余慧琴

助理编辑：丁谨之

责任校对：戴文英　陈　春

责任印务：聂绪东

封面设计：北极光

电脑制版：北极光

印　　刷：北京阳光印易科技有限公司

开　　本：710 毫米 ×1000 毫米　1/16　　　印　　张：16

字　　数：176 千字　　　　　　　　　　　插　　页：2

版　　次：2019 年 9 月第 1 版　　　　　　印　　次：2019 年 9 月第 1 次印刷

书　　号：ISBN 978-7-213-09438-5

定　　价：58.00 元

◎ 未来不可或缺的 GAFA 与 BATH

以 GAFA（美国的谷歌、苹果、脸书、亚马逊）和 BATH（中国的百度、阿里巴巴、腾讯、华为）为代表的中美科技巨头公司的动向对当今全球化经济有着重大影响。8 家企业各自的战略和最新技术引领着产业发展，而这些企业一旦发生"丑闻"就会演变成"××危机"，造成全球股市同步下跌……甚至可以说，任何国家、任何人都难以摆脱这些科技巨头的影响。

美国企业最初致力于确保自身的先行优势，于是中国企业也模仿美国的这种方式开展业务。然而，在许多领域当中，中国的科技巨头在技术本身以及实际应用方面已经对美国科技巨头的"本家地位"造成了威胁。

从 2018 年春开始，中美贸易摩擦的局势渐趋明朗。笔者认为，这场对抗的本质在于"贸易、科技霸权与安全保障"。表面上看，贸易摩擦本身在短期内得到解决的可能性比较大，然而，围绕科技霸权与安全保障的冲突恐怕会持续很长时间。这些将在后面讨论，可以说，正是中国在高科技领域成为美国最大的竞争对手，才导致对抗局势一下子变得紧张起来。

◎ 对8家企业进行分类比较

本书的主题是对 GAFA 与 BATH 这 8 家中美科技巨头进行分析，在此之前，首先根据每家企业最初涉及的业务领域进行以下分类比较。

- 亚马逊与阿里巴巴，起步于电子商务的 2 家公司
- 苹果与华为，起步于制造商和制造业的 2 家公司
- 脸书与腾讯，起步于 SNS（社交网络服务）的 2 家公司
- 谷歌与百度，起步于检索服务的 2 家公司

进行分类比较是本书的一大特征。通过"比较"这一分析的本质，能够更加深刻、全面地理解中美这 8 家最应作为业界标杆的科技巨头。通过 8 家企业之间横向、纵向的反复比较，相信我们会有不少新的发现。

虽然绝大部分人都听说过 GAFA 与 BATH，然而它们的主营业务是什么？各自优势又在哪里？对这些问题不甚了解的大有人在。

因此，本书在分析之前，首先对"看似熟悉实际却不了解"的

各家企业的基本业务结构进行简要说明，然后通过笔者独创的"5因素法"来解读每家企业的战略。这种方法来源于中国古典战略论《孙子兵法》当中的"五事"（"道""天""地""将""法"），笔者从现代管理的角度对这五大要素进行了排列重组。这一内容将在序章中详细说明。

第一章到第四章将结合最新动向考察各个企业、产业的发展方向。

第五章将利用"ROA图"（ROA，Return on Assets，资产收益率）对8家企业进行综合分析，同时也对中美贸易摩擦进行解读。对于从事一般贸易工作的人来说，中美贸易摩擦并不是什么值得高兴的事。因为中美贸易摩擦当中没有赢家。尽管如此，仔细分析这场摩擦的构成就会发现，正是由于国家与国家相关联，企业与企业相关联，人与人相关联，世界才会出现一分为二的趋势。本书就是从这一问题意识出发，在分析8家企业的同时，也对政治、经济、社会、技术这4个领域进行战略分析。最后一章以目标的重新设定与战略重点为关键词，探讨它们对于日本的启示。

◎ 分析 8 家企业的意义何在

对中美8家科技巨头进行分析究竟有何意义？笔者认为，其意义有以下5点。

1. 明确"平台运营商的霸权之争"

8家企业大多被称为"平台运营商",这些企业在各自的领域当中不断扩大自己的经济圈。所谓的平台,原来指的是台子、地基、基盘等。而平台运营商指的则是"在开展贸易或发布信息时,向第三方提供基础产品、服务、系统的企业"。毫无疑问,这些企业将在今后的全球贸易当中扮演最为重要的角色,因此,为了把握全球范围内的产业变革,对这8家企业的分析就变得至关重要。

2. 预测"创造先行优势的中国科技巨头的动向"

始于模仿的中国科技巨头现在已经能够自主创新,并创造出新的价值。因此有必要关注在获得后发优势之后,进一步创造先行优势的中国企业的动向。

3. 寻找"从同一业务领域中实现不同进化的理由"

如前所述,本书按照"起步于同一业务领域"的基准将中美企业进行两两分组。例如,腾讯与脸书虽然同样起步于SNS,前者却涉及众多产业,展现了强大的存在感,为什么同样的种子却结出了不同的果实?笔者认为,考察究竟是什么从根本上左右了业务开展的方向与速度具有重大意义。

4. 展望"产业、社会、科技和企业的未来"

从对8家企业的分析当中可以看出主要产业的动向以及近期的发展情况。当下，电机、电子、通信、电力、能源、汽车、娱乐等主要产业的动向与8家企业的动向互为表里。因此，本书的分析对于预测主要产业的近期发展是不可或缺的。

另外，从本书的分析当中还能解读出社会的整体动向以及近期的发展情况。8家企业分别在各自的领域当中，通过自身业务直击社会问题，不断创造出新的价值。"自由还是统制""私有还是公有""开放还是封闭"——在对社会的方向性与价值观进行预测的意义上，本书的分析也是至关重要的。

当然了，本书的分析对于解读科技动向以及近期的发展也有一定的意义。具体包括AI（Artificial Intelligence，人工智能）、IoT（Internet of Things，物联网）、5G Network（第五代移动通信网络）、VR（Virtual Reality，虚拟现实）/AR（Augmented Reality，增强现实）等，特别是在人工智能这一最重要的技术领域，已经进入普及阶段的人工智能语音助手以及利用人工智能实现的无人驾驶等。可以说，这8家企业的动向几乎代表了最尖端科技的发展方向。

还有一点也很重要，从这8家企业的分析当中，能够解读出企业的动向以及它们近期的发展情况。包括提出大胆的愿景，高速运行PDCA循环（PDCA Cycle，又称戴明环），提高对于平台运营商所垄断的大数据与隐私问题的意识等。笔者坚信，每家企业制定的战略与面对的课题，不分行业，不论规模，都能够给所有企业带来很大启发。

5. 指引"日本的未来"

最后，对 8 家企业的分析可以为日本以及日本企业寻找出路提供一定的借鉴意义。

过去，日本这个国家就是科技的代名词。然而，时至今日，曾经的"电机、电子立国"已然面临崩溃，汽车产业成为日本最后的阵地。而这最后的汽车产业也被卷入了不同行业间的"战争"当中，引发了整个产业秩序的激烈动荡。因此，为了寻找日本以及日本企业的出路，对这 8 家企业的分析是不可或缺的。

例如，对于美国的科技公司所从事的产业，观察一下这些产业的国际规则是如何形成的，就会发现，规则并不是"一开始就存在"的。

美国的平台企业，首先通过自身的业务来定义想要解决的社会问题，然后彻底思考如何通过自己的商品、服务来解决相应的问题；再向顾客与社会展示，通过提供新的业务与商品，解决了怎样的问题，创造了怎样的新的价值。如果在现有的法律或规则当中不容易实现的话，就需要重新导入必要的规则，使之成为业界规范，然后取得政府的认可，并进一步在其他国家普及——这就是规则制定的流程。例如，围绕着现在的无人驾驶问题，美国所采取的行动就符合这一流程。日本的企业有必要向中美的科技巨头学习这种做法。

希望读者将以上 5 个意义一一牢记于心，然后从以下 3 个视点来阅读本书。

· 以中美 8 家科技巨头为基准进行分析
· 帮助与 8 家企业直接竞争的企业思考对策
· 在分析 8 家企业的基础上明确自身战略

◎ 也可作为战略与领导力的"教科书"

笔者于 2017 年出版了《亚马逊的大战略》（2019 年 1 月，人民邮电出版社），2018 年又出版了《2022 年下一代汽车行业》。前一本书从自己的专业"战略＆营销"与"领导力＆使命管理"的视点出发，对亚马逊——对国家和社会产生巨大影响的企业——的战略进行了分析，并通过该企业进一步预测了近期的发展方向。后一本书分析了下一代汽车产业的竞争局势，解读各个主要企业的战略，评价相关科技，并对日本今后的出路进行了考察。这两本书均受众广泛，读者不仅包括对书中主题感兴趣的人，还包括与书中分析对象处于竞争关系的企业，甚至完全不同行业的企业家以及商务人士。

笔者衷心希望本书也能够作为以 GAFA 和 BATH 为分析对象的"战略＆营销"与"领导力＆使命管理"方面的教材，被各行业人士、学生等广泛阅读。另外，对中美 8 家科技巨头进行分析，成为分析企业战略与领导力、使命管理的"教科书"，也是本书的重要目的之一。

正如开头所述，GAFA 和 BATH 是未来不可或缺的存在。同时对 8 家企业进行分析，有利于形成各种问题意识，并进一步增强自身的使命感。

笔者热切希望本书不仅能对读者的学习和日常业务有所帮助，还能够对日本以及日本企业寻求出路有所启迪。

田中道昭

2019 年 3 月

Contents 目录

Apple×Huawei.

序 章

通过"5 因素法"对科技巨头进行分析

—— 把握全貌的最佳方法

BATH × GAFA

"看似熟悉实际却不了解"的科技巨头全貌

本书的目的在于了解 8 家科技巨头的战略，并以适当的基准对 8 家企业进行分类、比较，学习其企业战略、领导力以及使命管理。然而，了解科技巨头的全貌并以适当的基准进行比较绝非易事。毋庸置疑，每家企业都涉及广泛的业务领域，难以面面俱到，而一味关注新发布的产品和服务的话，就无法分析"企业实际上靠什么盈利""优势在哪里""今后将专注于什么业务"等问题。有些人虽然"知道每家企业的名字"，也"大致了解每家企业是做什么的"，但如果让他们"说一下公司全貌"，他们很可能会不知所措。

另外，从每家科技巨头的业务来看，就会发现其中一些企业正在开发非常相似的产品和服务。例如，作为人工智能语音助手，亚马逊开发了 Alexa，谷歌开发了 Assistant，苹果开发了 Siri，百度开发了 DuerOS，阿里巴巴开发了 AliOS，每家企业都以类似的理念来提供服务，并展开激烈的竞争。云服务与支付服务也是如此。究竟该如何定位提供类似服务的各家企业以及如何把握它们的现状？这不是一件简单的事。

另一方面，近年来科技巨头纷纷通过"大数据＋人工智能"来提升自身服务，但是具体如何利用 "大数据＋人工智能"，各家企业在方向性上存在差异。有些人虽然大致了解每家企业的方针，但如果被问到 "为什么会出现差异" "该如何解读每家公司的方向性"，恐怕他们一下子也答不上来。

仅凭现有框架无法对科技巨头进行分析

通常，在分析企业战略时需要用到各种各样的框架。相信大家在商务场合也会用到各种框架。例如，在进行 "SWOT 分析"[①] 时，以外部环境和内部环境为轴，对优势、劣势、机会、威胁进行考察；如果要对企业的宏观环境进行分析的话，可以通过 "PEST 分析"[②]，找出政治、经济、社会、技术这 4 个方面的因素。关于营销，比较常用的是对公司顾客（customer）、竞争对手（competitor）、公司(company) 进行分析的 "3C 战略三角模型"。然而，当我们试图去了解那些规模堪比国家的科技巨头时，就会发现仅凭现有的若干框架是无法把握其全貌的。因此，笔者设计了一种对这类企业进行全面分析的方法。这就是前文简单提到的 "5 因素法"。

将《孙子兵法》应用于战略分析的 "5 因素法"

"5 因素法" 来源于中国古典战略论著《孙子兵法》。也许大

[①]　态势分析：Strengths，优势；Weaknesses，劣势；Opportunities，机会；Threats，威胁。——编者注
[②]　宏观环境的分析：Politics，政治；Economy，经济；Society，社会；Technology，技术。——编者注

家会问："那么古老的东西对于分析科技巨头有用吗？"实际上，《孙子兵法》至今依然被广泛应用于军事战略和企业战略中，而在商界，据说软银集团董事长孙正义也受到了《孙子兵法》的影响。

孙子曾言："一曰道，二曰天，三曰地，四曰将，五曰法。"在作战之际，这五大因素是判断战力优劣的关键。孙子的这一思想可以原封不动地被应用到现代的企业经营战略当中。于是，笔者从现代经营学角度出发，将这"五事"，即"道""天""地""将""法"进行重新排列，从而形成了独特的"5因素法"。接下来就让我们看一下孙子所谓的"道""天""地""将""法"在企业经营当中分别对应什么。

"道"指的是品牌设计，即"作为企业该如何定位"。它具体包括"使命""愿景""价值观""战略"4个方面。其中尤为重要的是企业的"使命"。可以说，了解企业的使命以及企业本身的存在意义，对于分析企业是如何一路走来，以及预测今后又将如何发展是十分重要的。另外，一个企业的使命是否明确？其产品和服务是否体现了这一使命？从公司高管到每位基层员工是否始终牢记这一使命？通过对这些问题的考察就会发现该公司的优势和弱点。

同时，一个优秀的团队必定同时具备支撑战略的"天"和"地"。

"天"指的是基于外部环境的"战略时机"。它要求企业先于竞争对手对世界的中长期变化做出预测，有计划地实现大目标。在进行企业分析时，需要重点关注"在时代浪潮当中如何迅速实现变革"。另外，在一般的企业战略分析框架当中，SWOT分析与PEST分析也可用作分析外部环境的工具。

　　"地"指的是"地利"。孙子认为,战场距离"我军"是远还是近,是宽阔还是狭窄,是山地还是平地,战场上能否发挥"我军"优势等问题都要考虑,应当根据环境的变化来改变作战方式。也就是说,这是一种活用有利环境、规避不利环境的战略。在企业分析当中,需要对产业结构、竞争优势、区位战略等"地利"进行充分考察,然后分析企业如何根据"地利"进行竞争,以及在哪个领域扩展业务。在一般的企业战略分析框架当中,除了"3C战略三角模型"之外,还可以通过管理学家迈克尔·E.波特(Michael E. Porter)倡导的业务结构分析方法,灵活运用"波特五力模型",把握"潜在进入者威胁、购买者的议价能力、供应商的议价能力、替代品威胁、同行业竞争者"等因素。

　　"将"与"法"是将战略付诸实践的两大车轮。用工商管理学的话来说,两者分别相当于"领导力"与"管理"。两者虽然都是动员个人和团体的手段,但领导力是通过"人与人"之间的交流来提高干劲,而管理是通过机制来进行的,可以说这一点有所不同。关于领导力,笔者将从企业高层发挥了怎样的领导力,以及作为一个团体期望怎样的领导力等方面进行分析。在管理方面,除了分析业务结构、收益结构、商业模式以外,还将分析企业正在构建的平台以及生态系统等。

　　通过对"道""天""地""将""法"五大因素进行分析,可以从宏观、微观两个方面以及各种角度对企业进行考察,即便是科技巨头这种规模大、业务广的企业,也能够轻松把握其全貌以及部分细节。

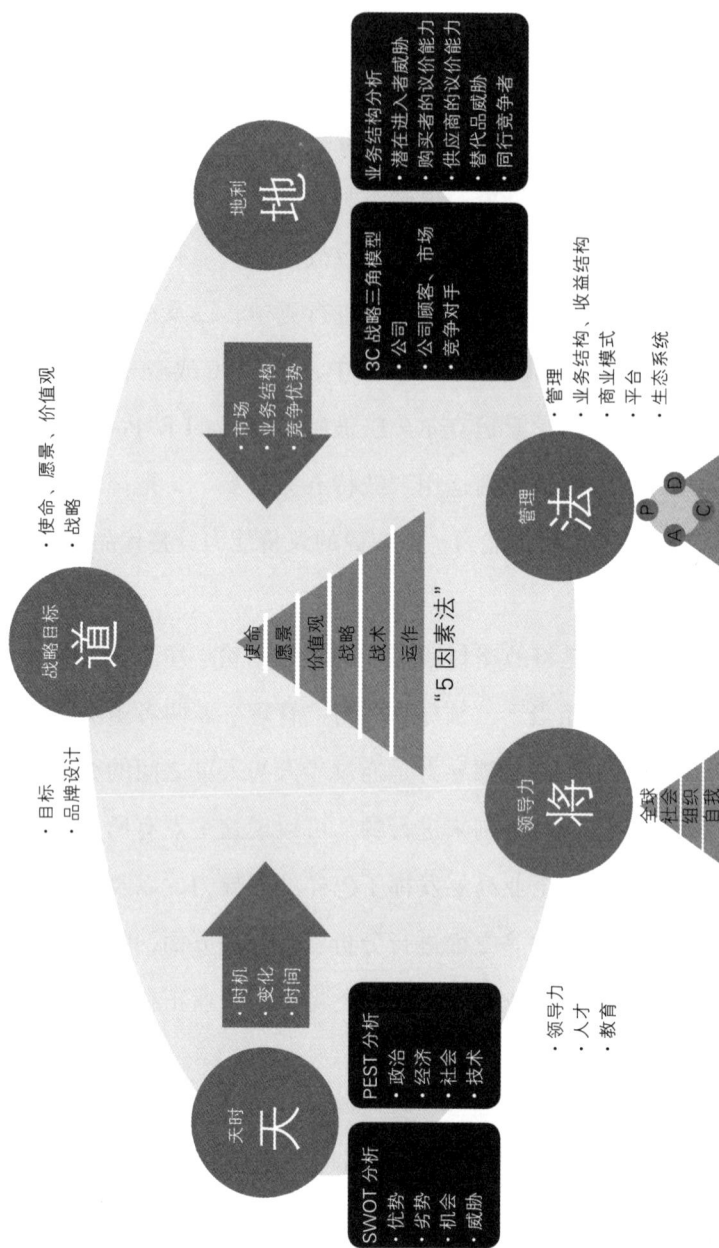

图序 1 分析方法："5 因素法"

　　应当注意的是，如果使用 "5 因素法" 对科技巨头进行详细分析并总结成报告的话，那么仅一家企业就能写出厚厚的一本书。实际上，笔者已经出版了以亚马逊为对象，使用同样方法进行分析的《亚马逊的大战略》。

　　然而，本书的侧重点在于针对中美 8 家科技巨头，在把握每家企业的概况、理解其重点的基础上，结合最新信息，对 8 家企业进行比较、分析。因此，本书以 "道" 中最重要的 "使命"，"天" 中 "实现 '道'（使命）的战略时机"，"地" 中每家企业的 "业务领域"，"将" 中 "每家企业总裁的领导力"，"法" 中的 "业务结构、收益结构" 为主进行说明。8 家企业的详细分析结果以图序 1 的形式为大家展示出来，仅供参考。

　　下面就让我们来具体分析中美 8 家科技巨头。

第一章

亚马逊 VS 阿里巴巴

—— 经济圈之战

Amazon × Alibaba

本章的目的 ▸▸▸

　　亚马逊有着极大的影响力，正如"亚马逊的刀下亡魂"（death by Amazon）一词所象征的，对于某个行业或企业来说，它已经成为一种为争夺顾客和利润不死不休的存在。而中国的互联网企业阿里巴巴集团（Alibaba Group）与巨人亚马逊展开对抗，甚至在部分业务领域当中已经凌驾于亚马逊之上。从全球范围来看，亚马逊经济圈与阿里巴巴经济圈之间俨然形成了分庭抗礼的态势。

　　亚马逊与阿里巴巴都已不再是单纯的电子商务（EC，Electronic Commerce）企业。它们通过建立起涵盖日常生活方方面面的巨大平台，成为日本任何一家企业或财团都无法与之抗衡的名副其实的巨人。

　　亚马逊从北美出发，陆续攻克欧洲市场，因此，接下来在亚洲的成败将成为影响其未来发展的关键一步。而对于在中国具有压倒性地位的阿里巴巴来说，在亚洲发展之后顺利攻克欧洲市场可以说是战胜亚马逊的关键。

　　本章首先对亚马逊和阿里巴巴的业务结构以及现状进行解说。之后，通过"5因素法"对两家企业的战略进行分析，并在此基础上展望未来。

01 亚马逊的业务实态

从电子商务到 Everything Company

如果被问到"亚马逊的主业是什么",大家会如何回答?在许多人的印象中,亚马逊只是一家涉及服装和生鲜食品等繁多品目的电子商务公司。

然而,现在的亚马逊已经不仅仅是一家零售企业,相信关于这一点不少人早已熟知。创业于线上书店的亚马逊将经营范围扩大到家电以及服装、生鲜食品等,并涉及电子书籍和视频发布等数字内容,成为 Everything Store(包罗万象的商店)。现在,亚马逊继续将业务领域扩大到物流、云计算、金融服务等,实现了从"电子商务到 Everything Company(包罗万象的公司)"的转变。

从近年来的焦点业务当中寻找线索

Everything Company 究竟是什么?让我们来具体分析。

商品/服务/内容	服装/时尚 生鲜食品 会员视频 书籍/杂货/家电/其他 数码服务 娱乐 全食超市	
	高级会员服务	
平台	电子商务网站　Kindle　亚马逊智能音箱（Amazon Echo）亚马逊市场（Amazon Marketplace）	
生态系统	人工智能语音助手（Amazon Alexa）	无人收银便利店（Amazon Go）
金融	亚马逊借贷（Amazon Lending）金融科技（Fintech）	亚马逊支付（Amazon Pay）
物流	FBA	无人机
云计算	AWS	人工智能

图 1-1　亚马逊的业务结构：商业模式的层状结构

亚马逊每天都会推出新的服务。虽然一一关注起来也很有意思，但是要想把握亚马逊这家企业的全貌，笔者认为应当从近年来的焦点业务入手。

因此，首先列举大家应该了解的亚马逊服务，并进行具体介绍。从图 1-1 中我们可以看出亚马逊是一家怎样的企业。

■ 云计算（AWS）

AWS（Amazon Web Services）的基础是亚马逊为自身建设的 IT 基础架构。亚马逊利用其 IT 专有技术开发了名为 AWS 的网络服务，并于 2006 年公开发布，供其他企业广泛使用。

使用 AWS 的企业无须为了构建系统而去开发服务器并进行维护，安全措施也不需要自己动脑筋。由于可以在所需时间内获取想要的服务，因此可以降低系统成本。

AWS 的好处不止于此。亚马逊以"提供给客户希望在网上购买的一切商品"作为服务的基本理念，而 AWS 正是在这样的理念下开发出来的。最初，AWS 作为云计算的印象深入人心，近年来，不光是计算、存储、联网、数据库服务，AWS 还提供数据分析、物联网、人工智能等企业所需的各种 IT 资源。不仅可以通过分析庞大的数据来获取新的知识，还可以在知识的基础上通过人工智能进行思考，因此，亚马逊已经成为向世界提供"大数据＋人工智能"平台的企业。

从亚马逊的网站上可以了解到，AWS 在全球拥有 21 个地理上独立的"区域"（region）与 61 个独立的数据中心托管"可用区"（avaiability zone），之后又增加了 4 个"区域"和 12 个"可用区"。截至 2019 年 3 月，东京"区域"有 4 个"可用区"，新加坡"区域"有 3 个"可用区"。从这些数字当中可以看出 AWS 的应用程度之广。

作为日本国内的 AWS 使用案例，亚马逊在日本的网站上介绍了三菱 UFJ 银行、全日空、DeNA 等鼎鼎有名的大企业。

■ B2C 平台"亚马逊商城"

亚马逊是一家零售企业，同时也提供名为"亚马逊商城"的网上开店服务。这是一种卖方（商品提供者）可以在亚马逊网站上推出商品进行销售的机制。此外，亚马逊还为卖方提供名为 FBA（Fulfillment by Amazon）的物流服务。亚马逊可以代替卖家保管库存、处理订单和订购业务，还能够向顾客提供"当天快速送货"以及"亚马逊高级会员"等亚马逊的配送服务。

此外，值得一提的是，亚马逊致力于将商品迅速送到用户身边，因此重视物流系统的构建，这一点也希望大家有所了解。亚马逊自费建立了许多物流中心，不仅利用现有的配送公司，而且自己也承担一部分配送。亚马逊之所以能够实现生鲜食品即时配送的亚马逊生鲜（Amazon Fresh），以及最短 1 小时配送的 Prime Now 等服务，正是得益于其完善的物流系统。

在美国，为了方便顾客领取在亚马逊购买的商品，亚马逊储物柜（Amazon Locker）的设置也正在展开。电子商务当中存在着这样一个课题：如果顾客不在家的话，则无法顺利收取配送的商品，作为解决这"最后一英里"（last one mile）问题的方案之一，亚马逊储物柜应运而生。

亚马逊还考虑将无人机运用到商品配送当中，并正在进行相关的技术研发。为了实现更加快捷的配送，亚马逊将会利用最新技术不断开发出新的服务。

■ 无人收银便利店（Amazon Go）

2018 年 1 月，亚马逊在西雅图开设了首家无人收银便利店 Amazon Go 1 号店。在 Amazon Go 当中，顾客只需将应用程序下载到智能手机并登录亚马逊账户，进店挑选商品后直接离店即可完成购物。购物费用通过亚马逊账户支付，因此无须在收银台排队付款。

亚马逊涉及各种形式的业务，不光是电子商务，还包括正在开展的实体店铺，Amazon Go 就是其中之一。而且在 Amazon Go 的购物体验与传统的实体店铺完全不同。通过利用人工智能以及传感器等技术，亚马逊不仅为顾客提供了全新的体验，还能够获取顾客在实体店铺中的购买行为相关数据。

■ 生鲜食品连锁超市"全食超市"（Whole Foods Market）

亚马逊于2017年8月收购了高级生鲜食品连锁超市"全食超市"。截至2017年9月，全食超市在美国拥有448家店铺，在加拿大拥有13家店铺，在英国拥有9家店铺。在美国，它是有名的高级超市。

亚马逊为什么要收购一家与电子商务毫不相干的超市？其目的是为了解决"网络与现实的融合"以及"最后一英里"的问题，也就是说，使其作为向顾客配送商品的据点。

在全食超市，亚马逊高级会员购物超过35美元时，超市会提供2小时以内的免费送货服务，还可以通过亚马逊生鲜购买全食超市特有的有机食品。此外，全食超市内还设置了亚马逊储物柜，方便顾客在购物时顺便领取其在亚马逊网站上购买的商品。通过将现有的拥有品牌影响力的实体店铺收入囊中，亚马逊能更好地为顾客提供便利，同时让顾客获得全新的购物体验。

对于经常使用亚马逊的高级会员来说，提高全食超市的便利性和实惠感不仅会提高亚马逊高级会员的满意度，也有助于增加高级会员的数量，反之亦然。

顺便一提，笔者在西雅图体验全食超市时倍感惊讶的是，当场制作、当场销售的店内食用（eat-in）食品非常美味。笔者至今仍然记得，超市提供的比萨种类和口感都远远超过了普通餐厅，以至于笔者不由自主的就吃撑了。

■ 人工智能语音助手（Amazon Alexa）

亚马逊开发并提供人工智能语音助手 Amazon Alexa。值得注意的是，亚马逊除了自己出售配备 Alexa 的智能音箱 Amazon Echo 之外，也允许第三方制造商开发配备 Alexa 的产品，并公开开发工具。截至 2019 年 1 月，配备 Alexa 的设备已经超过 2 万多种，并且 Alexa 在汽车以及安全产品当中的应用也在不断扩大。

今后，Alexa 将从外部接收各种产品、服务和内容，建立一个生态系统（Ecosystem）。从智能家居（smart home）到无人驾驶汽车（smart car）领域，一个名为"Alexa 经济圈"的产业结构正在形成。亚马逊与提供产品、服务和内容的各类企业之间将建立密切的合作与相互依存关系，双方将取长补短、自制自律、协同发展壮大。

关于人工智能语音助手，除了 Alexa 之外，还有谷歌开发的 Google Assistant 以及百度开发的 DuerOS 等，但笔者认为 Alexa 更加出众。这是因为亚马逊始终以同一助手为核心来提供产品、服务和内容，并且该助手的客户体验被公认为是最好的。

■ 支付服务"亚马逊支付"（Amazon Pay）

亚马逊也提供所谓的金融服务。例如，利用亚马逊账户中注册的信用卡和地址信息，亚马逊支付可以向亚马逊以外的网站提供支付系统。因此，在支持亚马逊支付的网站上，顾客无须输入地址或信用卡等信息即可轻松完成购物。

亚马逊还为法人卖家提供贷款服务"亚马逊借贷"（Amazon Lending）。针对在市场上出售商品的法人，亚马逊根据其销售业绩进行审查，从而提供贷款。也就是说，亚马逊可以像银行一样提供贷款服务。

"亚马逊礼品券"在某种意义上可以被看作存款。对余额进行充值，就可以在亚马逊上购物，而将现金转入余额的话，用户将获得积分，如果一次转入金额在 9 万日元（约合 844 美元）以上，普通会员将获得 2.0% 的积分，就像存钱获得利息一样。

如果继续列举的话恐怕会没完没了，所以关于亚马逊业务发展的分析就到此为止。尽管我们只是跟踪了亚马逊近年来的部分动向，但依然能发现亚马逊一直以来不断推动创新，并且今后仍将继续推动。

亚马逊的创始人杰夫·贝佐斯（Jeff Bezos）在一切场合都不忘强调其对于创新的热情。毫无疑问，这一点已成为亚马逊的竞争优势之一。

创新对于许多公司来说都是可望而不可即的，更不要说不断实现创新了。原因在于"创新者的窘境"（The Innovator's Dilemma）难以突破。"创新者的窘境"是哈佛商学院的克莱顿·克里斯坦森（Clayton M.Christensen）提出的概念。意思是，企业通过实现破坏性创新和开展新的业务来发展壮大，当试图引发下一次破坏性创新时，通常会导致现有业务与新业务之间互相蚕食（新旧服务之间的相互蚕食）。因此，企业往往选择对破坏性创新避而远之，导致在阶段性创新上停滞不前。于是，该公司就会被其他引发破坏性创新的公司所赶超。

在美国，贝佐斯对于"创新者的窘境"的关注众所周知。亚马逊虽然已经成为巨型企业，但依然试图继续引发破坏性创新，并且如愿以偿。

亚马逊之所以能做到这一点，原因之一在于贝佐斯可以毫不犹豫地颠覆现有的业务。

Kindle 就是一个很好的例子。亚马逊起步于图书的线上销售，因此电子书很有可能与之产生冲突。然而，贝佐斯却将之前负责图书部门的高管调到了数字化部门，并且告诉他们："你们的工作就是打破迄今为止所做的一切。希望你们做好准备，从所有卖纸质书的人手中把工作抢过来。"（布拉德·斯通《一网打尽：贝佐斯与亚马逊时代》）

通过平台建设制造垄断状态

从引发创新的观点来看，亚马逊及早采用开放式创新理念并成功构建平台的事实也值得关注。"开放式创新"一词可以用于各种场景，其意义并不固定，这里可以理解为"企业不封锁自己的技术而使之开放，使外部活用其技术产生迄今为止没有的产品或服务"。

基于这种开放式创新理念，亚马逊开放了自身的先进系统，从而产生了 AWS 这一全新的服务。并且，通过 AWS 亚马逊开发了稳固的平台业务。

"平台"的概念对于理解本书中所涉及的企业来说非常重要。许多人对于平台也许并不陌生，但这里再复习一下。

平台业务的一个典型例子是微软的 Windows 操作系统（Windows OS）。随着 Windows 的出现，电脑制造商开始出售配备 Windows 操作系统的电脑，软件制造商也开始出售能够在 Windows 操作系统上运行的软件。于是，使用 Windows 操作系统的用户不断增加，而随着用户的增加，更加多样的电脑和软件相继出现，Windows 的便利性也不断完善，于是产生了更多用户，呈良性循环态势。

通过这种方式，用户数量越多，在周边提供产品和服务的企业就越多，并且便利性也会随之提高，这就是所谓的"网络外部性的作用机制"。

平台业务具有容易形成"胜者全得"（Winner takes all）的情况特征。一旦掌握了平台，企业影响力的增加就会变得越来越容易，随之会产生垄断或寡头垄断的情况。因此企业纷纷致力于开展平台业务。

02 亚马逊的五大因素

通过"道""天""地""将""法"来进行战略分析

对亚马逊有了大致了解之后，让我们看一看该企业的"道""天""地""将""法"五大因素，具体参见图 1–2。

■ 亚马逊的"道"

重申一下，这里的"道"指的是使命（mission）、愿景（vision）以及价值观（value）。其中，使命指的是存在的意义或使命；愿景指的是公司未来的蓝图；价值观指的是将其付诸实践时遵循的行为准则和价值观。所重视的东西——"道"的不同，决定了一个企业所开展的业务领域的不同。亚马逊的使命、愿景是致力于成为"地球上最以客户为中心的公司"。并且，"客户体验"（customer experience）的改善与之表里呼应，是理解亚马逊业务发展的关键。

有了使命，以及作为对公司未来蓝图的描绘的愿景，价值观就

对全食超市的收购

WEB开发企业的收购

无人收银便利店 Amazon Go

现有业务

Amazon.com内 Amazon.com外

实体世界

数字世界

地利 + 数字世界

地 空间价值

"地利" = "空间价值"的业务化
实体世界（real world）+ 虚拟世界（cyber world）
亚马逊本身 + AWS
经济规模（scalability）
可扩展性（scalability）
网络安全（cyber sceurity）
共享（sharing）
从零售企业、物流企业、科技企业发展到提供大空业务的企业

市场
业务结构
竞争优势

使命 愿景 战略
价值观

道

使命&愿景
成为地球上最以客户为中心的公司

财务目标
长期保持自由现金流（Free Cash Flow）的最大化

价值观
领导力原则 14 条
（天：时间价值）+（地：空间价值）=（时空价值）
（时空价值的五大主要因素）

顾客至上主义　长期思考　对于创新的热情　卓越运营

天 "时间价值"

"天时" = "时间价值"的业务化
·长时间 + 短时间
·速度经济
·提速
·时间的效率化
·同期、非同期
·长尾效应（the long tail）的业务化

天时
·时机
·变化
·时间

时间轴的长度

宇宙业务（包含空中仓库在内）

物流业务

各种业务

业务规模

作为用户体验的用户体验

作为语言的大数据（购买历史、语言、需求数据）

作为人工平台智能语音

作为内容的软件（技能）

作为时空接点的硬件（应用程序）

法 管理
·平台以及生态系统
·写在餐巾纸上的商业模式
·低利润率的管理
·长期思考 + 高速 PDCA

将 领导力

·贝佐斯的愿景领导
·员工的自我领导
·亚马逊的领导力原则 14 条
·以数字和热情为武器

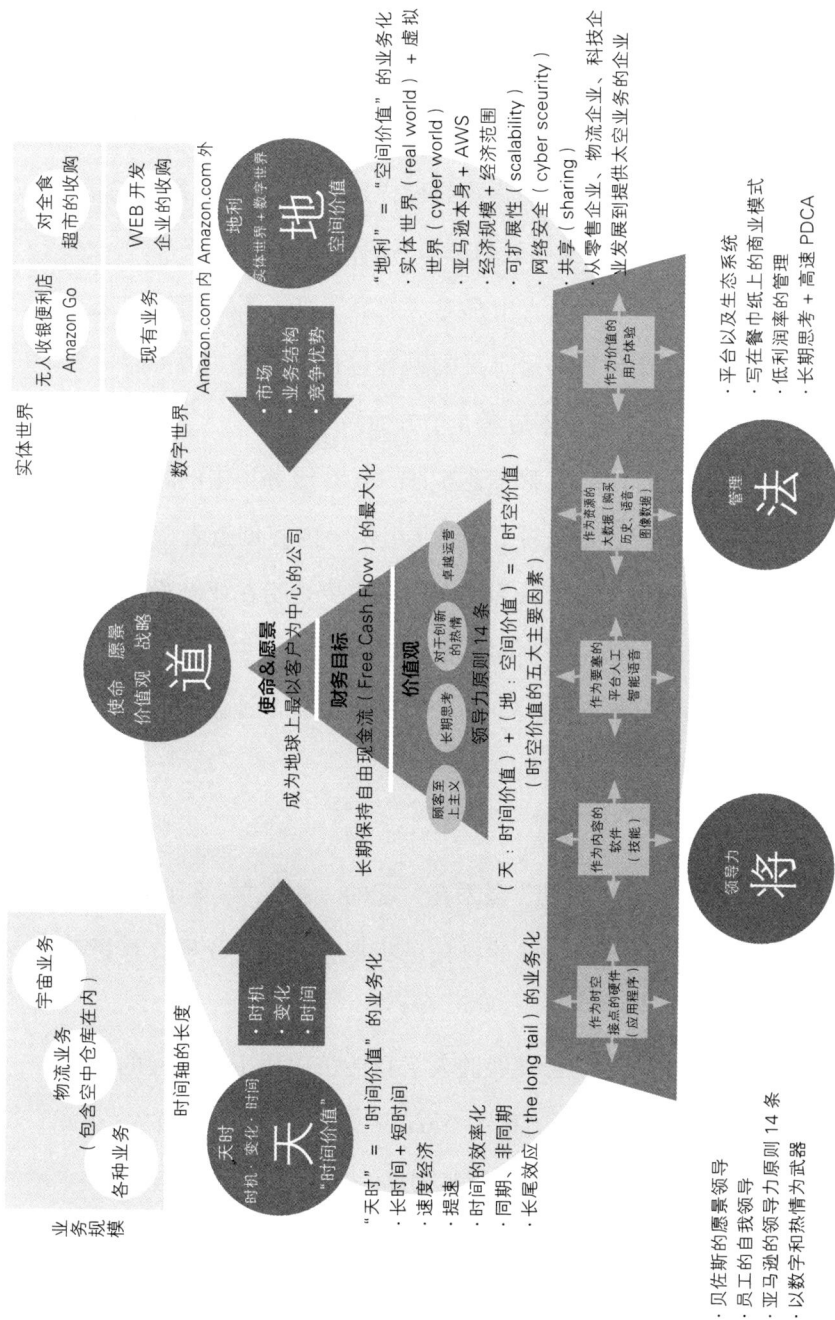

图 1-2 用 "5 因素法" 分析亚马逊的大战略

相当于为实现前两者而遵循的行为准则以及公司所注重的价值观，具体可以列举"顾客至上主义""超长期思考""创新热情"等。

另外，"顾客至上主义"作为亚马逊的使命与愿景，是理解亚马逊最为重要的关键词，这一点后面将做详述。只不过需要留意的是，这里的"顾客"不只是在亚马逊购买图书的普通"消费者"。

亚马逊在每年的年度报告中都对"顾客"进行了明确的定义。2017 年年度报告当中，亚马逊定义的顾客包括消费者、销售商、开发者、企业 / 组织以及内容创造者 5 个方面。

"消费者"指的是构成亚马逊本身的 B2C 服务当中的顾客，其他 4 个方面（销售商、开发者、企业 / 组织、内容创造者）指的都是 B2B 服务中的顾客。可以认为，销售商主要是指在亚马逊注册的店铺，开发者主要是指 AWS 的顾客，而内容创造者主要是指参与亚马逊会员视频（Amazon Prime Video）等视频发布的创造者。

■ 亚马逊的"天"

亚马逊的"天"是与"道"联系在一起的。崇尚"顾客至上主义"的亚马逊将能够改善客户体验的科技进步视为绝佳的商机，并将其与业务联系起来。

例如，近年来取得显著发展的人工智能被应用于亚马逊的各种服务当中。配备人工智能语音助手 Amazon Alexa 的智能音箱 Amazon Echo，只需对其讲话就可以操纵与之相连的家电或进行购物。

■ 亚马逊的"地"

如果用一句话来概括亚马逊的"地"的话，那就是业务领域从"包罗万象的商店"扩大到"包罗万象的公司"。

正如之前所介绍的，从电子商务开始发展业务的亚马逊，现在也在开发无人收银便利店（Amazon Go）以及全食超市等实体店，实现了现实世界（real world）与虚拟世界（cyber world）相结合。另外，支持电子商务的开放平台 AWS 已经成长为 B2B 的高收益业务，使得亚马逊能够积极投资以不断实现创新。亚马逊在创业之初被认为是一家零售企业，现在既是物流企业又是技术企业，今后也将考虑开展太空业务。可以认为，新的业务领域当中，亚马逊的发展速度在不断加快。

■ 亚马逊的"将"

亚马逊的"将"当中最重要的是创始人杰夫·贝佐斯的领导。贝佐斯以愿景的创造与实现为第一要义，具体做法是为员工描绘一个使之兴奋并希望加入其中的蓝图，贝佐斯就是以此来吸引员工，使其为愿景的实现而努力工作的。

贝佐斯对于"成为地球上最以客户为中心的公司"这一愿景有着非同寻常的执着，正如之前提到的，亚马逊对"顾客"进行了明确的定义，然而这在另一方面却忽视了未被定义为"顾客"的公司和人员的感觉。

不知大家有没有听说过近年来备受关注的"亚马逊效应"（Amazon Effect）一词？在业务领域迅速扩大的过程中，亚马逊对各类企业都产生了重要影响。具体可以列举全球最大的玩具零售商玩具反斗城（Toys "R" Us）与体育用品专卖店运动权威（Sports Authority）的破产，百货商店梅西（Macy's）与杰西·潘尼（JC Penney）的大规模关店，以及购物中心空置率的提高等。

美国的投资顾问公司 Bespoke Investment Group 于 2012 年 2 月编制了一个有关"亚马逊的刀下亡魂"的指数。该指数对 63 家企业进行了具体分析，这些企业的大部分业务收入依靠实体店，销售的产品主要来自其他企业，并且被标准普尔 1500 指数（S&P Composite 1500）或标准普尔零售指数（S&P Retail Index）所采纳。亚马逊的业务领域越是发展壮大，这些企业的业绩恶化就越严重。实际上，2017 年 6 月亚马逊宣布收购全食超市之后，"亚马逊的刀下亡魂"指数出现了自编制以来的最大跌幅（城田真琴《亚马逊的刀下亡魂》）。

当亚马逊的威胁无处不在时，笔者认为贝佐斯缺乏一种让整个社会变得更加美好的视野高度。他关注的主要是被亚马逊定义为顾客的企业和个人。而对于其他的企业和个人，笔者认为贝佐斯有必要关注他们因亚马逊而"身陷绝境"的事实。

■ 亚马逊的"法"

亚马逊的"法"，也就是说可以通过"平台或生态系统的构建"来对商业模式和收益结构进行说明。

亚马逊的商业模式以"亚马逊主体＋AWS"为基盘，通过电子商务网站或亚马逊智能音箱（Amazon Echo）等来搭建各种平台。

从收益结构来看，不难发现亚马逊的特殊性在于给人们留下了强烈的零售商印象。亚马逊的营业利润率（营业利润与营业收入的比率）仅为 2%～3%。营业利润率是表示企业在核心业务中如何高效盈利的数字。一般来说，日本的电子商务上市企业的营业利润率通常在 10% 以上。经营 ZOZOTOWN（日本一家网购平台）的 ZOZO 的营业利润率已经超过 30%。相比而言，亚马逊的营业利润率可以说是极低的了。

但是，只看 AWS 业务的话，情况就大为不同。近年来，AWS 业务的营业收入有了大幅度提高，2016 年同比增长 55%，2017 年同比增长 42.9%，在亚马逊总营业收入当中占一成左右。并且 AWS 业务在 2017 年的营业利润率为 24.8%。从这些数字中可以看到，迅速成长为核心业务的 AWS 能够高效地获取利润。

众所周知，亚马逊的目标并非在短期内获取利润，而是重视长期的现金流，将利润用于扩大业务和低价战略来实现未来企业价值的最大化。这种"追逐成长而非利润"的战略受到投资者的追捧，也奠定了亚马逊高位股价的基础。

到目前为止，我们已经分析了亚马逊这一企业正在开展怎样的业务，以及亚马逊的五大因素。对其整体印象有了把握之后，让我们来看一看需要单独强调的地方。

03 解读亚马逊进化的三大关键

作为一名身兼经营顾问的大学教授，笔者会不定期地对世界上最先进的公司进行考察和分析。

关于亚马逊，多年来笔者一直在关注贝佐斯的视频和言论，同时也不忘浏览该公司网站上发布的新闻。正是由于这种对信息细致持续的追踪，笔者才发现了贝佐斯以及亚马逊进化的三大关键。

第一点是亚马逊对于"成为地球上最以客户为中心的公司"这一使命／愿景，以及与之表里呼应的对于客户体验的执着。第二点是亚马逊对于消费者不断增长的需求的全面回应。第三点是"大胆的愿景＋高速PDCA"的思维模式。下面将依次说明。

■ 顾客至上主义

为了理解亚马逊要"成为地球上最以客户为中心的公司"这一使命／愿景，需要看一下贝佐斯在创建亚马逊时画在餐巾纸上的商

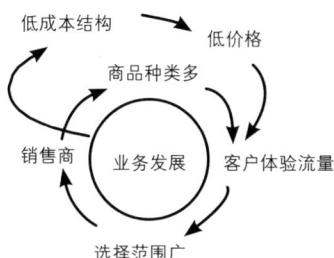

图 1-3　贝佐斯绘制的商业模式图

业模式图，具体参见图 1-3。

　　贝佐斯通过该图描绘了一种良性循环。通过增加商品种类来扩大顾客的选择范围，提高顾客满意度，从而优化客户体验，而客户体验的优化则会造成流量的增加，于是人们就会聚集在亚马逊的网站上，这样一来，就会有更多的销售商希望在亚马逊网站上出售商品，而这一举措又会促使商品种类的增加以及客户体验的优化，如此循环。

　　然而，只靠这种循环并不能实现业务发展。贝佐斯认为这里还需要低成本结构和低价格。将低价格和商品种类放在客户体验之前表明了贝佐斯认识到顾客首先追求的是低廉的价格和种类丰富的商品。另外，之所以将低成本结构放在低价格之前，是因为只有通过建立起低成本结构才能不断以低廉的价格来提供商品。这张图的完成度非常高，从中也能清楚地感受到亚马逊所为之奋斗的世界究竟是怎样的。

　　亚马逊在创业之初从事网上图书销售，而在贝佐斯创业之前绘制的这幅图当中，销售商被放在商品种类之前。也就是说，贝佐斯从一开始就考虑到，亚马逊不能只通过自身来网罗商品，而是应该吸引更多的销售商，借助它们的力量来丰富商品种类。

　　另外，该图中的"流量"表示的不仅仅是最初访问亚马逊网站的消费者。可以认为，亚马逊现在的流量指的是整个亚马逊生态系统的流量，除了在亚马逊购物的消费者之外，还包括在亚马逊上注册的店铺、利用 AWS 的企业以及使用 Alexa 的开发者等。而且今后，流量的增加不仅是数量，还包括亚马逊生态系统多样性的提高。

　　进一步来说，从贝佐斯画这幅图开始，就已经将"成本领先战略"（cost leadership）确立为整个亚马逊公司的经营战略了。

　　著名管理学家迈克尔·波特认为，全体公司级别的战略只有 3 个：成本领先战略、差异化战略以及专一化战略。其中，专一化战略可以分为两种模式：专注于成本或专注于差异化。

　　就亚马逊而言，显然该企业选择的是通过建立低成本结构来实现的成本领先战略。采用成本领先战略的企业面临两种选择：以低于其他企业的价格来提供产品或服务或者以与其他竞争对手相同的价格来获得更多的利润。相比而言，亚马逊选择的是前者。

　　亚马逊不会过多获取利润，而是将通过低成本结构获得的利润以低价的形式返还给顾客，并向 Prime 会员提供电视节目等具有吸引力的亚马逊原创内容——不知大家是否意识到，事实上，这也是一种差异化战略。

也就是说，亚马逊公司采用的是成本领先与差异化相结合的战略，可以认为，这种综合性战略正是亚马逊强大的关键。

■ 应对不断增长的需求

多年来，贝佐斯一直强调消费者有 3 种重要需求。分别是"低廉的价格""丰富的种类"以及"快捷的配送"。另外，贝佐斯还表示，无论过去、现在还是将来，消费者都不会改变对这些需要的追求。

不容忽视的是，随着时代的发展，这 3 种需求也在不断地提高。无论亚马逊的服务如何充实，消费者永远都不会满意地认为"现在的价格已经够便宜了"，"不需要比现在种类更多的商品"，"现在的商品配送已经很不错了"。这是因为便利性越高，人们就越会感受到以前不曾感觉到的不便。例如，在可以用智能手机随时检索信息的现在，如果网速稍慢的话，人们就会感到焦虑。或者有了电子货币可以瞬间完成支付之后，当在收银台排队付款时，假如你看到前面的人使用现金支付，并且他们在数零钱的时候稍微花点时间，你也会感到焦虑。

也就是说，无论亚马逊如何对"低廉的价格""丰富的种类""快捷的配送"进行改善，消费者的需求都将进一步提高，渴望"更低廉的价格""更丰富的种类""更快捷的配送"。正是因为了解到这一点，所以亚马逊在消费者需求提高之前就完成了对产品和服务的改善。并且在今后，这种方式也不会改变。

贝佐斯一直强调"消费者永远不会满足。因而我总是致力于让商品和服务变得更好、更好"，可以说，这反映了贝佐斯在消费者需求进一步提高之前做好应对措施的强烈意志。

之前提到过，亚马逊对客户体验非常重视，近年来，与不断增长的消费者需求互为表里的客户体验这一概念本身也在不断进化，希望大家注意这一点。

通过仔细梳理贝佐斯的言论，笔者认为关于客户体验的看法可以整理为以下4点。

第一点是正视人类本身所具有的本能和欲望。贝佐斯在各种场合反复强调这一点，也可以看出他一直在对人的本能和欲望进行思考。

第二点是解决科技进步所带来的问题和压力。这一点前面已经说过了。

第三点是体察技术。这一点与亚马逊的营销战略密切相关。在过去的营销当中，通常根据年龄、性别、职业、学历、收入等属性对顾客进行分类，从而确定目标。然而，将用户数据局限于这些属性的时代已经结束。现在看来，这种千篇一律的分类不得不说是相当粗糙的。

亚马逊在这一点上也处于领先地位。以用户购买或检索的商品历史、检索时输入的单词等大数据为基础，通过人工智能分析出特定用户的心理和行为模式，为每个用户推荐与其喜好相匹配的内容。也就是说，通过"大数据＋人工智能"，亚马逊开展的是与用户"一对一"的实时营销模式。

亚马逊的"大数据＋人工智能"未来将进一步进化。亚马逊原首席数据科学家、曾与贝佐斯一起工作的安德雷斯·韦思岸（Andreas

Weigend) 在著作《大数据和我们》（*Data for the People: How to Make Our Post-Privacy Economy Work for You*）当中写道："亚马逊以 0.1 人为单位对市场进行分割。"这意味着亚马逊的营销反映了每个用户时刻变化的需求。今后亚马逊会进一步加强顾客分析，达到"如果顾客需要，商品就会出现在眼前"，甚至"在顾客发出需要之前商品就已经准备好了"的服务水平。这就是笔者总结的"体察"技术。

第四点是不要让顾客感觉自己在进行某种交易。除了为顾客提供极大的便利性之外，最近，亚马逊将服务提升到了"仿佛感受不到在做交易般"的水平。

其中一个典型的例子是无人收银便利店 Amazon Go。它打出的口号是"即拿即走"。正如该口号所说，顾客只需走进商店拿到想要的商品，然后离开就可以了。在这样的服务当中，用户甚至感觉不到自己"正在购物"或者"正在付款"。对于亚马逊所看重的客户体验来说，这种舒适性正是必不可少的。从企业的立场上来看，Amazon Go 的出现有助于解决劳动力短缺以及生产率的问题。然而，笔者猜测亚马逊开发 Amazon Go 的目的并不在此，而在于提升客户体验。这一点是笔者在西雅图实际体验过无人便利店之后所得出的结论。亚马逊早在 1997 年就申请并获得了通过一键点击完成购物的"一键购买"专利。也就是说，贝佐斯从创业之初就开始追求"感觉不到正在付钱"的这种客户体验。

另外，"不要让顾客感觉自己正在进行'某种交易'"的方式比传统的直接交易更加舒适，并且有助于增加交易量。笔者预计，今后除了亚马逊以外，其他公司也将利用技术，投入更多精力来实现"感觉不到交易"般的快捷舒适的服务。

■ 大胆的愿景＋高速 PDCA

作为亚马逊进化的关键，笔者想强调的最后一点是"大胆的愿景＋高速 PDCA"。商业中最重要的是首先"设定一个大胆的愿景"。设定了愿景之后，下一个问题就是"如何去实现它"。亚马逊通过贯彻高速 PDCA 来实现自己的愿景。也就是说，从大胆的愿景进行逆向推算，明确"今天应该做什么"，并高速运转 PDCA 循环，在提高效率的同时努力实现愿景。

原本在网络世界中，通过分析"有多少用户访问过网站""其中有多少人点击了按钮""其中又有多少人购买"等用户行为来改变网站设计或商品配置的高速 PDCA 根深蒂固。亚马逊将大胆的愿景细分到"今天做什么"，然后在此基础上高速运转 PDCA，通过这种"组合技术"由迅速失败到迅速改进，以此来引发不断的创新，最终实现迅速成长。

与确立大胆的愿景互为表里的是"超长期思考"。这就是贝佐斯自己所说的亚马逊的价值观。

这是理所当然的。在"1 个月后能够实现的目标""5 年后能够实现的目标""10 年后能够实现的目标"三者当中，自然是 10 年后能够实现的目标最有可能成为大胆的愿景。也就是说，贝佐斯所说的"超长期思考"指的是应该确立一个更为长远、更有大局观的愿景。因为这关系到确立的愿景是否大胆以及充满野心。

　　大胆愿景的具体例子包括前面提到的 Amazon Go 的多个店铺开业、海外发展，以及使用无人机或无人驾驶实现更快捷的配送等。并且，今后 5G 技术将实现比以往更快、更大容量的通信服务。这些技术的发展为亚马逊提供了良好的机遇。利用 VR 和 AR 技术，甚至可以确立一种更加大胆的愿景：即使不去实体店也能够享受到同样的购物体验。

　　图 1-4 是根据"大胆的愿景＋高速 PDCA"绘制的亚马逊成长轨迹。

　　成为关键的是"可扩展性"一词，这个词是贝佐斯的口头禅。据说在亚马逊，"可扩展性"这个词经常出现在检查业务计划以及员工会议时。

　　对于某个业务来说，即使当前利益再大，如果成长空间受限、

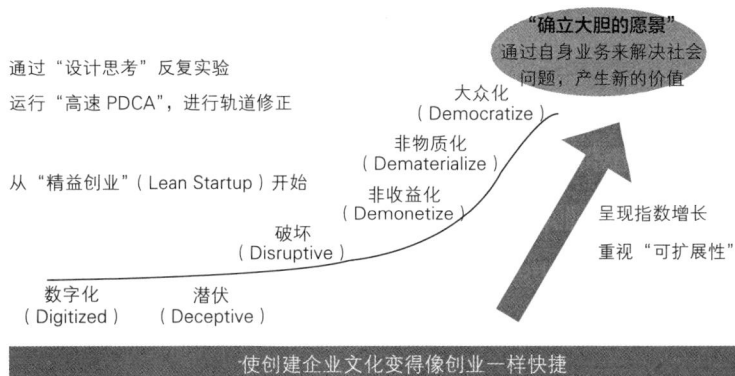

注：图表中的"6D"是笔者以《勇敢无畏：如何做大、创造财富以及影响世界》（Peter H. Diamandis, Steven Kotler, *Bold: How to Go Big, Create Wealth and Impact the World*）为参考提出的。

图 1-4　对于确立"大胆的愿景＋高速 PDCA"的执着

会立马碰壁的话，就不能说是具有可扩展性。

尽管开始时规模较小，然而一旦步入正轨就会呈指数增长的业务则具备可扩展性。

虽然亚马逊已经成长为世界首屈一指的大企业，但从本质上来说依然是创业公司。开展新的业务需要首先确立大胆的愿景，并依据可扩展性来决定；还要从精益型创业，即小规模、高效、快捷的创业开始。在此基础上，在运行高速 PDCA 的同时还需改善业务。

贝佐斯反复强调的"Day 1"一词能够强烈表明亚马逊是一家创业公司。

Day 1 意味着"创始日"或"第一天"，贝佐斯办公室所在的大楼被命名为 Day 1，此外，亚马逊官方博客的主题为 The Amazon Blog：Day One。这些都表明了贝佐斯是如何执着于 Day 1 的。

除了 Day 1 之外，贝佐斯还经常用到 Day 2。Day 2 的意思是"大企业病"。亚马逊 2017 年年度报告中列举了使公司远离 Day 2 的四大法则，分别是"真正的顾客本位""抵制'手续化'""迅速应对最新趋势""高效的决策体系"。

贝佐斯之所以不断强调"对于亚马逊来说，今天就是创始日"，并试图远离"大企业病"，原因在于他具有强烈的危机感，即一旦创业公司的 DNA 消失的话，就无法继续进行破坏性创新。

04 营销 4.0 与亚马逊

线上与线下的完全整合

"营销 4.0"这一概念是有着"营销之神"称号的菲利普·科特勒提出的。他说:"新型顾客的特性明确表现为:营销的未来在于实现贯穿于整个客户旅程(Consumer Journey)的线上体验与线下体验的无缝融合。"(菲利普·科特勒等《营销革命 4.0》)

客户旅程指的是客户从产生商品或服务的相关需求到最终购买和使用的整个过程。科特勒表示,在客户旅程当中,现代消费者可以进行线上与线下的自由切换,消费者拥有线上与线下的选择权,线上与线下相融合,这样的时代已经到来。

亚马逊已经开启了线上与线下相融合的营销 4.0 时代。比如你在纽约,打算买书的时候,如果已经确定了想要阅读的图书,通常会在亚马逊的网站购买。而如果想要立即阅读的话,可能会以 Kindle 电子书的形式购买并在智能手机或平板电脑上阅读。购买纸质书籍还是电子书籍，选择权在于消费者。此外，美国也有实体书店 Amazon Books，大家可以到那里寻找想要阅读的图书并直接购买。

亚马逊之所以能够逐步实现营销 4.0，是因为它是一家拥有"大数据＋人工智能"的科技企业。

如果在亚马逊的网站购买图书的话，那么购买数据将保留在亚马逊；如果在 Amazon Kindle 上购买电子书的话，那么"是否真正读过本书""阅读了哪些部分""在哪里做了标记"等数据的收集也成为可能；此外，如果去亚马逊的实体店买书的话，那么客户在实体店的行为也将作为数据被记录下来。实际上笔者在美国惊讶地发现，书店甚至辟出一角专门用于推荐"Kindle 中下划线最多的书"。

图 1-5　Amazon Books 店内，2019 年 1 月拍摄

新型顾客的特性明确表现为：营销的未来在于实现贯穿于整个客户旅程的线上体验与线下体验的无缝融合。

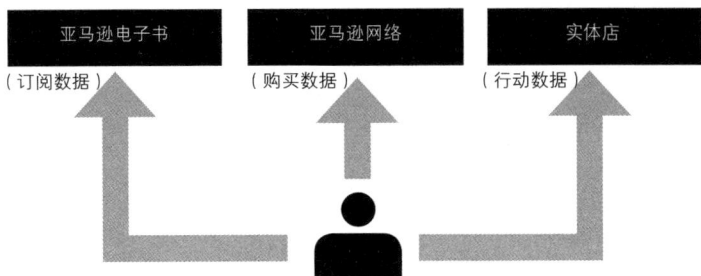

亚马逊电子书	亚马逊网络	实体店
（订阅数据）	（购买数据）	（行动数据）

图 1-6　营销 4.0 的本质

　　也就是说，亚马逊一方面为消费者提供线上体验与线下体验的无缝融合，一方面收集大数据，并利用人工智能对收集到的数据进行分析，以此来提升客户体验。

　　最具代表性的是 Amazon Books 的书籍陈列方式。在 Amazon Books 当中，所有的书籍封面都是呈现出来的。这样做可以在很大程度上方便顾客查看、选择和理解。然而，一般的书店恐怕做不到这一点，因为这在很大程度上受到店铺面积、库存的限制。

　　正是由于"大数据＋人工智能"的强大功能，Amazon Books 在陈列时可以不受限制地呈现封面。亚马逊拥有该地区上班族阅读书籍的大数据，并且该公司拥有的技术能够分析出哪些书籍呈现封面的话会畅销。对于那些想要选购图书的人来说，这种在数据分析的基础上呈现封面的书店会使他们感觉非常舒适。另外，如果查找的图书在店内没有库存的话，可以当场使用智能手机从亚马逊网站上下订单。

　　具备零售电子商务企业、科技企业、物流企业等多面性的亚马逊在"选择商品和服务""购买商品和服务"的各个环节都提供线上和线下选项，此外还在"配送商品和服务"的环节中，设置了店内收货、家中收货、便利店收货、亚马逊储物柜收货等选项，进一步扩大了顾客的选择范围。

　　营销 4.0 时代的客户倾向于在"选择、购买、收货"等各个环节拥有多种选择，可以说，如何在客户毫无压力的情况下开展每个环节是其关键所在，具体参见图 1-7。

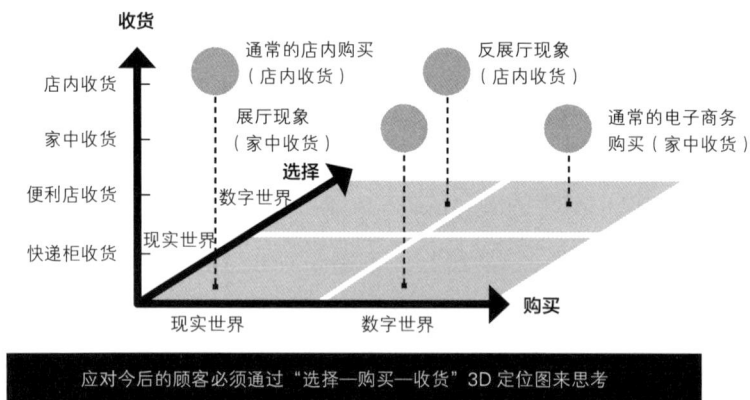

图 1-7　"选择—购买—收货"3D 定位图

05 阿里巴巴的业务实态

中国新兴社会基础设施建设企业

接下来将介绍与美国的亚马逊形成鲜明对比的中国企业——阿里巴巴集团（Alibaba Group）。

提到阿里巴巴，大家对这家企业有着怎样的印象？虽然阿里巴巴在日本也颇有存在感，但是很多人仍会将其视为"中国的一家大型电子商务公司"或"支付宝公司"。

然而，阿里巴巴并不仅是一家电子商务公司，也不仅是用智能手机支付就能概括的公司。笔者曾在中国香港生活过一段时间，其间多次往返于香港与内地，如果要用一句话来解释阿里巴巴的话，我会将其概括为"中国新兴社会基础设施建设企业"。

当然了，电子商务网站毫无疑问是阿里巴巴的业务支柱，该企业已经开发出多项业务，例如用于企业间交易（B2B）的Alibaba.com，作为 C2C 交易平台的"淘宝网"，中国国内 B2C 交易平台"天猫"（Tmall）以及国际B2C交易平台"天猫国际"（Tmall Global）等。然而，阿里巴巴的业务不仅限于此，还涉及物流业务、实体店、云计算、金融业务等。其发展方式让人联想到亚马逊从线上图书销售到包罗万象的商店，再到包罗万象的公司这一不断发展壮大的过程。

虽然把握阿里巴巴的全貌并不容易，但是参考之前分析过的亚马逊的全貌，可以通过分析部分代表性的服务来了解"阿里巴巴究竟是一家怎样的企业"。此外，该企业每年都会举办"投资者日"（面向投资家的说明会），使用的庞大资料也会在英文网站上公开。可以说，在本书涉及的8家企业中，阿里巴巴是信息公开度最高的企业。

下面将进行具体介绍。

■ 电子商务网站淘宝网与天猫

谈到阿里巴巴的电子商务网站业务，淘宝相当于日本的雅虎拍卖（Auctions.yahoo.co.jp）或Mercari，天猫则相当于乐天市场。亚马逊以"自己进货自己销售"的直销型为主体，而阿里巴巴则以市场型为主体，可以说阿里巴巴采用的是面向在天猫开店的企业以及使用淘宝网的个人提供支持的商业模式。

2003年推出的淘宝网，其特点是通过大数据分析，使每个用户都能享受到最舒适的购物体验。值得注意的是，淘宝网在亚马逊之前推出了新的服务。例如，在全世界的电子商务网站中备受关注的直播营销最初就是阿里巴巴在淘宝网上推出的。

起步较晚的天猫和天猫国际在迅速成长的中国网上交易市场当中已经成为最大的电子商务平台。根据年报，淘宝网和天猫 2018 年的网站成交金额（Gross Merchandise Volume）达到 7000 多亿美元，这在全球的电子商务企业当中也是很突出的数字。

■ 盒马超市

我们之前提到亚马逊收购了全食超市，开发出 Amazon Go，并推动线上与线下的融合（OMO，Online Merges Offline），然而实际上，在实体店的开展以及 OMO 的推进方面，与亚马逊相比，阿里巴巴在质与量上都处于领先地位。

特别值得关注的是阿里巴巴经营的超市"盒马鲜生"（简称"盒马"，需要注意的是该公司在 2019 年 1 月 30 日发布的新闻中将英文标记从 Hema 改为 Freshippo）。虽然它是一家实体店，但在阿里巴巴的财务报表中却被定位为电子商务业务。关于这一点，只要了解盒马的服务，就能理解为什么它会被定义为电子商务了。

2016 年，盒马鲜生 1 号店正式营业，截至 2018 年 7 月底，盒马在中国拥有 64 家门店。这是一家会员制超市，特征之一在于需要使用智能手机应用程序进行会员注册。也就是说，盒马可以通过应用程序来获取顾客的来店记录以及商品购买记录等数据。

通过数据的积累与分析，盒马能够最大程度实现采购的优化。因此，它可以保证超市所出售的生鲜食品始终处于新鲜状态。另外，顾客还可以通过智能手机读取商品附带的二维码，从而确认该商品的所有流通渠道。盒马通过活用技术，专注于可追溯性（traceability），获得了消费者的大力支持。

支付方面主要使用支付宝，顾客只需用智能手机读取店内支付终端上的二维码即可完成支付。

盒马对于技术的活用不止于此。盒马还提供通过智能手机进行商品订购和配送服务。在距离门店3公里以内的范围，商家可以在30分钟内免费送货上门。

根据阿里巴巴于2018年9月向投资者发布的"投资者日"数据，盒马开业后一年半的时间内，7家门店的平均日销售额约为13万美元，简单来说，1家门店每年的销售额就接近4700万美元。而且令人惊讶的是，其中约有60%来自线上订单。

尽管如此，从企业整体来说，盒马仍然处于亏损状态。当然，半径3公里范围内的免费送货服务将在短期内影响收益。

但是阿里巴巴似乎不在意这个问题。谈到盒马的业务，阿里巴巴日本公司总经理CEO兼蚂蚁金服日本代表执行董事CEO的香山诚发表了以下看法。

能够获得大数据就已经很不错了。因为人们日常的购买数据最终是难以把握的。然而一旦将这些大数据补充到传统数据当中的话，就会大大提高预测的精准度，因此我觉得这很有意义。

我们完全收购了中国第三大百货商店，并对中国最大的购物中心进行了投资。现阶段正在收购年销售额达188亿美元的中国最大生鲜食品超市。老实说，零售实体店的市值是非常低的，因此，即便是为了收集数据，直接收购也会更方便一些。通过收购，我们可以重新建立起完全不同次元的零售。不得不说，"拥有的数据价值等于公司的市值"。(《企业家俱乐部》2018 年 10 月)

考虑到盒马通过数据的活用实现了零库存运营，可见其收购战略是非常有效的。

从提供全新的客户体验的观点来看，盒马还提供了非常独特的服务。顾客在店内购买的海鲜类食材可以让厨师当场加工，然后在店内品尝。这种将超市（grocery）与餐厅（restaurant）结合在一起的服务被称为"便利厨房"（grocerant：由"grocery"和"restaurant"拼缀而成）。在盒马超市，"顾客可以亲自拿起螃蟹等海鲜来检查其肥美程度，并且能够以实惠的价格品尝到在餐厅中高价出售的平时吃不到的海鲜类产品等，因此在市民当中非常受欢迎"。(《日经电脑》2018 年 7 月 19 日)

■ "农村淘宝"

在国土面积广大的中国，许多地区的物流网尚不完善，在过去，生活在这些地区的农民必须来到大城市才能享受优质的产品和服务。而且，这些地区的农民收入水平较低，生活并不便利。

正在着手解决这些国内问题的就是阿里巴巴的乡村振兴业务——"农村淘宝"。农村淘宝是在互联网普及率较低的农村地区，为买卖双方提供服务的基地，始于 2014 年 1 月。根据 2016 年上传到阿里巴巴网站上的资料，该企业已经在 16500 个村庄（27 个省的

333 个县）设立了农村淘宝基地。

通过这项服务，用智能手机等在网上下订单后的买家，可以在附近的农村淘宝基地取货。另外，当地的农民也可以成为卖家。以农村淘宝为据点，农民可以通过互联网在全国范围内销售地方特产。也就是说，农村淘宝相当于"电子商务的配送基地"以及"当地的便利店"。最近，一些农村淘宝站甚至配备了试衣间，进一步提高了购买的便利性。

农村淘宝由当地年轻人经营。因此，它可以为当地提供就业机会。由于具备这些优势，一些地方政府还向农村淘宝提供经济援助，另有报道称，农村淘宝创造了 100 万个就业岗位。农村淘宝已经成为振兴中国乡村不可或缺的基础设施。

■ "菜鸟网络"

物流是亚马逊的强项之一，亚马逊通过独立开发物流网络和仓库建设来发展事业。与此相对，阿里巴巴也正在努力构建庞大的智能物流网络。

在阿里巴巴集团，负责物流业务的是一家被称为"菜鸟物流"的公司（菜鸟网络科技有限公司）。该公司创立于 2013 年，资历尚浅，然而投入的资金却不计其数。日本富士通总研经济研究所首席研究员金坚敏在报告《中国网络业务的创新与课题》中写道："投资额预计将达到 3000 亿元，其中第一阶段为 1000 亿元，第二阶段为 2000 亿元，在未来 5 ～ 8 年内支持日均 300 亿元的电子商务交易，并试图建立一个遍布全国的支持 24 小时送货的智能物流网络。"

菜鸟仓库的实时动态可以通过视频及时查看，从视频当中可以发现，菜鸟投入了最先进的技术，机械化程度甚至超过了亚马逊。工厂内无人驾驶十分发达，仓库里的机器人通过无人驾驶来搬运商品。

另外，菜鸟还设置了 5 万多个配送储物柜，致力于创造一个"随时配送，随时收货"的环境。

菜鸟的愿景是构建一个庞大的物流网，实现"全国 24 小时内送达，全球 72 小时内送达"。为了构建这一国内外的物流网络，菜鸟还与日本通运、美国邮政公社等国外运营商积极开展合作。

■ 支付宝

在金融业务方面，阿里巴巴完全居于亚马逊之上。

正如之前提到的，虽然亚马逊也提供"支付服务以及为小规模企业提供运营资金的"借贷等服务，然而在笔者看来，亚马逊并未大力发展金融业务。

另一方面，阿里巴巴已然建立起号称"金融技术之王"的领军地位。阿里巴巴以电子商务网站业务、物流业务与金融业务三位一体的方式不断发展壮大。作为集团企业，蚂蚁金服提供的移动支付服务支付宝已经在中国普及。在大都市圈，通过支付宝进行支付的商店不在少数。可以说，支付宝已经发展为世界上最大级别的支付服务，而且中国人的日常生活也已经离不开智能手机支付服务了。这意味着阿里巴巴已经从中国的一家科技巨头转变为支撑中国近 14 亿人口日常生活的社会基础设施建设巨头。

　　阿里巴巴拥有与大型银行相媲美的庞大资金。据2017年9月15日《华尔街日报》报道，阿里巴巴集团的货币市场基金（MMF，Money Market Funds）的金融商品余额宝所持有的托管资产总额在短短4年内增长为世界第一，约合2110亿美元。这相当于排名世界第二的摩根大通资产管理公司（J. P. Morgan Asset Management）所经营的货币市场基金的2倍以上。

　　托管资产增加的原因在于，通过金融技术，用户可以通过支付宝的智能手机应用程序轻松将资金转移到货币市场。通过支付宝的智能手机应用程序，用户也可以直接使用阿里巴巴集团的银行、证券、保险、投资信托等金融服务，阿里巴巴集团的电子商务业务服务也可以通过支付宝的应用程序获得。除此之外，支付宝的应用程序当中还包括了公共服务。

　　不容忽视的是，通过这种方式，已经是人们生活中不可或缺的支付手段的支付宝，成为了人们了解阿里巴巴集团服务的突破口。这一点构成了阿里巴巴的强大优势，也是阿里巴巴与亚马逊本质的不同。

　　此外，阿里巴巴还创建了一项名为"芝麻信用"的服务，该服务通过支付宝积累的大量购买数据以及支付数据，再加上集团内部的大数据，实现了个人信誉的定量化与可视化。

■ 阿里云

　　关于云计算服务，亚马逊的AWS目前在全球排名第一。另一方面，阿里巴巴以AWS为目标开发的阿里云占据了中国市场的最大份额。在日本，阿里巴巴与软银合资成立了"阿里云日本"（SB Cloud），为日本国内用户提供服务。

阿里云的关键在于阿里巴巴集团的各项服务都在阿里云上运行，具体参见图1-8。

阿里云上有支付宝和菜鸟物流，通过这些平台，阿里巴巴相继开发出被定位为"核心商务"的天猫和淘宝网，被定位为"本地服务"的盒马，以及被定位为"数字媒体＆娱乐"的优酷等，可以看出，集团业务的所有服务都已开发出来。

阿里云拥有与AWS同等水平的基础服务。使用阿里云的企业不仅可以用它来存储数据，还可以进行人工智能应用程序开发以及使用人工智能进行深度学习。可以认为，阿里云能够提供不逊色于AWS级别的服务。根据该公司进行的分类，阿里云广泛应用于19个"区域"（地理上独立的地域划分）与56个"可用区"（独立

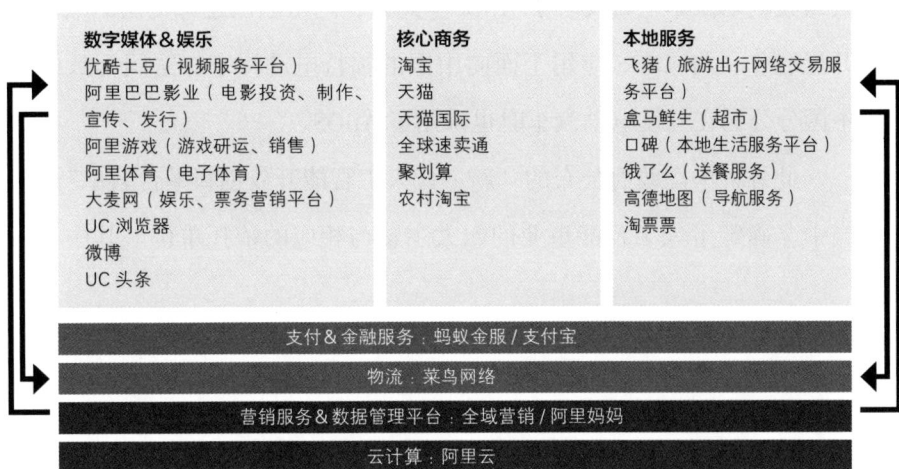

数字媒体＆娱乐
优酷土豆（视频服务平台）
阿里巴巴影业（电影投资、制作、宣传、发行）
阿里游戏（游戏研运、销售）
阿里体育（电子体育）
大麦网（娱乐、票务营销平台）
UC浏览器
微博
UC头条

核心商务
淘宝
天猫
天猫国际
全球速卖通
聚划算
农村淘宝

本地服务
飞猪（旅游出行网络交易服务平台）
盒马鲜生（超市）
口碑（本地生活服务平台）
饿了么（送餐服务）
高德地图（导航服务）
淘票票

支付＆金融服务：蚂蚁金服／支付宝

物流：菜鸟网络

营销服务＆数据管理平台：全域营销／阿里妈妈

云计算：阿里云

图1-8　阿里巴巴集团的主要产业

的托管数据中心）。

■ 驱动汽车与城市智能化的 AliOS

阿里巴巴还有一个可与亚马逊 Alexa 相媲美的开放平台，名叫 AliOS。该平台于 2017 年 9 月公布。

AliOS 的技术概念与亚马逊的 Alexa 以及谷歌的 Assistant 非常相似。如果在平板电脑等移动设备或扬声器、家电、汽车等设备上安装 AliOS 的话，可以实现相应产品的智能化。因此，AliOS 可以说是实现各种产品物联网化的基本软件。

AliOS 的特点在于它是一个开放的平台。第三方运营商也可以使用 AliOS 开发自己的物联网产品、智能设备、服务。这种战略与亚马逊的 Alexa 以及谷歌的 Assistant 的方向性是一致的。

例如，位于上海的中国大型汽车制造商上汽集团正在开发的无人驾驶电动汽车上就安装了 AliOS。此外，阿里巴巴还与美国的福特开展合作，将 AliOS 应用于面向中国的福特电动汽车，法国标致的中国分公司在开发电动汽车时也采用了 AliOS。

此外，中国政府公布的"新一代人工智能开放创新平台名单"[①]当中，确定了人工智能事业的四大主题与相应的依托单位。其中，

---

① 2017 年 11 月 15 日，中国科技部在北京召开"新一代人工智能发展规划暨重大科技项目启动会"，宣布成立新一代人工智能发展规划推进办公室，并于会议上公布了首批 4 家国家新一代人工智能开放创新平台名单，包括依托百度公司建设自动驾驶国家新一代人工智能开放创新平台，依托阿里云公司建设城市大脑国家新一代人工智能开放创新平台，依托腾讯公司建设医疗影像国家新一代人工智能开放创新平台，依托科大讯飞公司建设智能语音国家新一代人工智能开放创新平台。——编者注

委托给阿里巴巴的事业是"城市人工智能化"。不仅限于无人驾驶，还包括交通、供水、能源等基础设施，将所有的城市信息进行数字化处理，挖掘大数据，在此基础上利用人工智能来解决交通拥堵问题，提供警察、急救支援、城市规划等对于社会来说最适合的解决方案。这种智慧城市的实现也用到了 AliOS。

另外，阿里巴巴杭州总部所在的阿里巴巴园区由阿里巴巴总部、阿里巴巴史上首座现实版高端商业设施以及阿里未来酒店、员工住宅等组成，已经具备了智慧城市的雏形。员工住宅屋顶上的太阳能电池板可以生产清洁能源。笔者认为，阿里巴巴园区本身已经形成了现实版平台和生态系统，有可能成为中国近期城市设计的模型。

此外，阿里巴巴宣布与雄安新区政府在人工智能、金融技术、物流等领域进行合作，在公共交通项目上与上海申通铁路集团合作，将人工智能技术导入上海地铁。由此可见，AliOS 正在广泛而深刻地走进中国社会。

■ 旗下拥有 7 家"独角兽公司"

到目前为止，我们已经掌握了阿里巴巴焦点业务的大概。阿里巴巴不仅是毫不逊色于亚马逊的企业，甚至在某些方面取得了优于亚马逊的成果，这一点相信大家已经有所理解。

关于阿里巴巴，还有一点值得关注，那就是该集团内部还拥有一些快速成长的公司。

美国调查公司 CB Insights 的数据（截至 2017 年 5 月）显示，作为高速成长企业的象征，"独角兽公司"（成立 10 年之内，拥有 10 亿美元以上市值的非上市公司）在中国共有 47 家，这一数字仅次于美国。其中，属阿里巴巴集团的企业就有 7 家。由此也可以看出阿里巴巴的成长之迅速。

06 阿里巴巴的五大因素

通过"道""天""地""将""法"来进行战略分析

接下来，让我们同样以"5 因素法"来分析阿里巴巴。

■ 阿里巴巴的"道"

在谈到阿里巴巴时，不得不说的是其背后强烈的社会使命感，即五大因素当中"道"的魅力。

阿里巴巴在 2018 年 9 月召开的"投资者日"（面向投资家的说明会）当中，明确了其使命在于"让天下没有难做的生意"（to make it easy to do business anywhere）。创始人马云描绘了宏伟的愿景，即到 2020 年为止使阿里巴巴的成交总额达到 1 兆美元，构建仅次于美国、中国、日本及欧洲的世界第五大经济体；到 2036 年为止为全世界提供 1 亿的就业机会，能够服务 20 亿的消费者，能够为 1000 万家中小企业创造盈利的平台。马云表示，这一愿景的最终目的是"通

"解决社会问题的机会"是"天时"

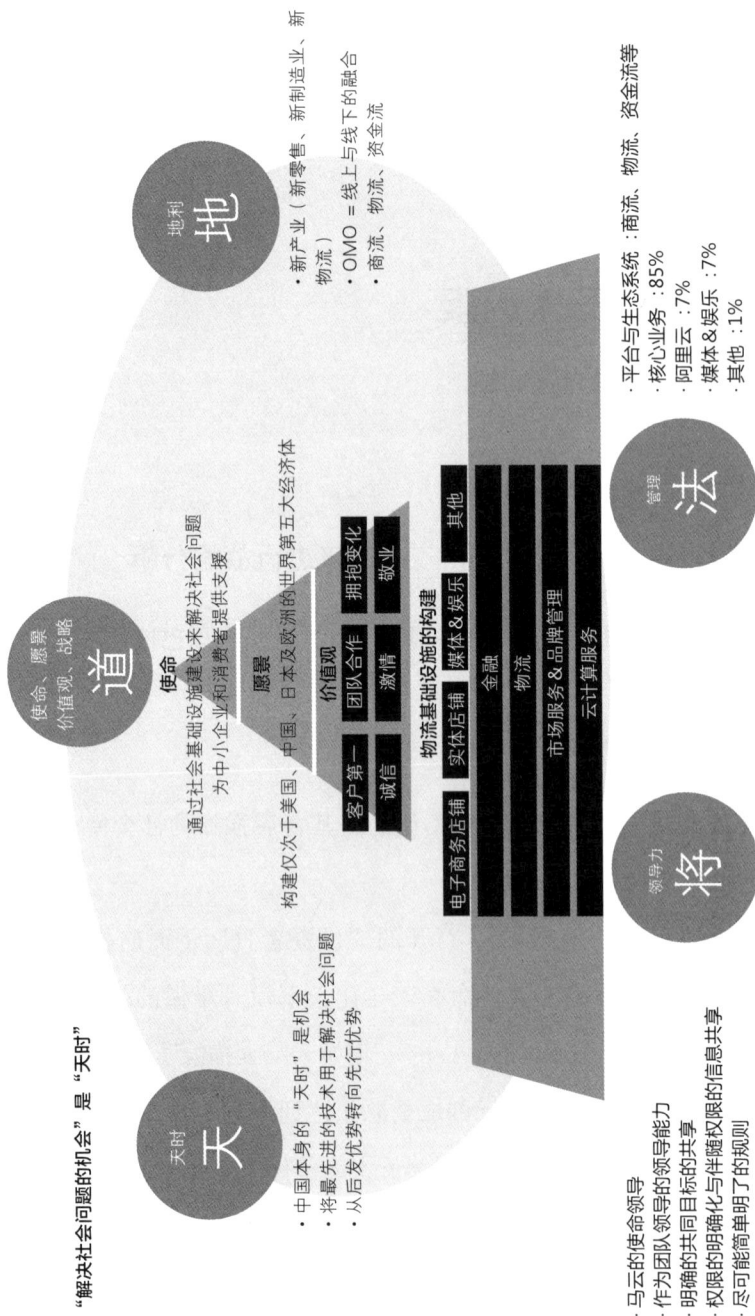

地利 地
· 新产业(新零售、新制造业、新物流)
· OMO = 线上与线下的融合
· 商流、物流、资金流

管理 法
· 平台与生态系统:商流、物流、资金流等
· 核心业务:85%
· 阿里云:7%
· 媒体&娱乐:7%
· 其他:1%

道 使命、愿景、战略 价值观

使命:通过社会基础设施建设来解决社会问题 为中小企业和消费者提供支援

愿景:构建仅次于美国、中国、日本及欧洲的世界第五大经济体

价值观:客户第一、诚信、团队合作、激情、拥抱变化、敬业

物流基础设施的构建
电子商务店铺 实体店铺 媒体&娱乐 其他
金融
物流
市场服务&品牌管理
云计算服务

天时 天
· 中国本身的"天时"是机会
· 将最先进的技术用于了解社会问题
· 从后发优势转向先行优势

领导力 将
马云的使命领导
· 作为团队领导的领导能力
· 明确的共同目标的共享
· 权限的明确化与伴随权限的信息共享
· 尽可能简单明了的规则

图1-9 用"5因素法"分析阿里巴巴的大战略

过基础设施建设来解决社会问题"。

笔者认为，"让天下没有难做的生意"这一使命用简单的话来概括就是，阿里巴巴的真正使命还是在于"社会问题的解决"。

迄今为止，马云反复强调"为了中国""让世界变得更美好"，并为此都付诸行动，使之成为现实。

例如，阿里巴巴开发的多个电子商务网站也是基于构建中小型企业的业务支持基础设施这一使命。也就是说，阿里巴巴提供的是解决社会问题的电子商务网站、解决社会问题的物流服务以及解决社会问题的金融服务。

阿里巴巴的"道"，呼应了中国在经济方面提出的"抓大放小"政策、"互联网＋"以及"中国制造 2025"规划。可以说，阿里巴巴比其他任何企业都更充分地体现了"为了中国"这一使命，可以说，阿里巴巴是代表现代中国企业的存在。

■ 阿里巴巴的"天"

阿里巴巴的"天"是与"道"紧密联系在一起的。对于阿里巴巴来说，"解决社会问题的机会"就是"天"。

一个具有代表性的例子是，阿里巴巴灵活运用天猫等平台，着手推动"夫妻店"这种家庭经营式个体零售店的数字化。自 2017 年以来，作为"天猫小店"，地方上的夫妻店已经实现了数字化以及实际上的特许经营化，形成了一个相对松散的团体。

担任阿里巴巴日本公司总经理的香山诚指出，中国约 600 万家夫妻店支撑着大约 8 亿中国人的生活。他进一步说道：

阿里巴巴集团虽然已经完全掌握了沿海地区 5.5 亿人的消费数据，但是小城市的夫妻店还没被完全开发。从率先获取数据的战略出发，阿里巴巴目前正在推广 600 万家夫妻店的数字化、便利化，而在过去一年半的时间里，已有 100 万家门店完成了彻底的数字化。

即使在日本，超市和便利店的数量也从原本的 170 万家减少到约 100 万家，其中大部分是法人经营。过去，在购物区和街区有不少夫妻店，后来被超市和便利店淘汰，如今连超市和便利店都将被新的破坏者——电子商务所取代。这样一来，老年人赖以生活的所有基础设施都已被摧毁。

正是为了避免在中国出现同样的情况，所以我们首先将夫妻店数字化。阿里巴巴集团知道一个地区的热销商品是什么以及该地区需要什么。于是，我们投资 45 亿元重新打造一个密集的物流网，利用它将数字便利店（原来的夫妻店）的应售商品推广至中国国内的小城市。(《企业家俱乐部》2018 年 10 月）

夫妻店的数字化对于阿里巴巴来说可谓是商机，与此同时我们也了解到阿里巴巴的最终目的是解决中国的社会问题。对于自身无法跟上时代步伐的夫妻店的经营者，以及使用夫妻店的城市居民来说，夫妻店的存在非常重要。阿里巴巴认为，它的使命是在支持这些夫妻店的基础上，促进整个中国经济实现飞跃性的发展。

■ 阿里巴巴的"地"

用一句话来概括阿里巴巴的"地",就是"新零售、新物流以及新制造业的构建"。

2016年底,阿里巴巴在一项技术活动中公开了"新零售"的概念。马云表示,在未来10～20年内,传统的在线业务将会消失,取而代之的是利用科技使线上与线下相融合的新零售业的崛起。

代表阿里巴巴新零售战略的是前文介绍过的盒马鲜生。它通过技术为顾客提供了全新的体验,从而获得了强有力的支持。夫妻店的数字化也是新零售战略的一环。阿里巴巴正在加速推动"现实世界 × 虚拟世界",可以说,阿里巴巴向现实世界的进军远远领先于亚马逊。

除了新零售业,目前阿里巴巴还致力于"新物流"和"新制造业"。

关于新物流,之前介绍了活用先进技术的阿里巴巴的物流服务,而"新制造业"是马云在2018年9月的相关活动中强调的新概念,在此进行说明。

阿里巴巴一方面重视需求方,也就是消费相关领域的新零售,同时又重视供给方,也就是制造相关领域的新制造业。马云是这样解释这一概念的,他说:"在5分钟内制造2000件不同的服装比在5分钟内制造2000件同样的服装更为重要,这样的时代已经到来。"并且马云还说过,利用批量生产的规模优势来降低成本的传统制造业将在未来15～20年内陷入困境,而与消费者个性需求相呼应的新制造业即将诞生。(《钻石连锁商店》2018年11月1日)

如果根据个人需求只生产一两件产品的话，新制造业的这种概念更接近服务业而非制造业。虽然笔者对于这一概念实现的可能性将信将疑，但是如果阿里巴巴利用庞大消费者所积累起来的大数据以及分析数据的人工智能的话，那么精准把握消费者的需求并为其提供量身定做的产品将不再是梦想。可以认为，亚马逊试图通过"大数据＋人工智能"来完善体察技术，而阿里巴巴却通过"大数据＋人工智能"来推动制造业的服务业化。

■ 阿里巴巴的"将"

接下来，让我们来看看创建阿里巴巴的"将"——马云的领导力。亚马逊创始人贝佐斯的领导力属于"愿景领导"（Visionary Leadership），就是通过"将来希望成为……"的远大梦想来激励员工。而马云的领导力则属于"使命领导"，他通过倡导"中国、世界应当……"的社会使命来使员工参与其中。

为了解马云，笔者曾经采访过中国留学生和商务人士。他们给出的关键词是"伟人""英雄""神""中国梦的象征"等。可以看出，马云深受现代中国人尊敬，被视为英雄。

本书所涉及的4家中国企业——百度、阿里巴巴、腾讯、华为，马云作为企业家的存在感不容小觑。原因在于马云"为中国完善基础设施"和"让世界更加美好"的坚定态度打动了无数中国人。

在马云的影响下，想要自己创业、愿意为了建设美好中国而工作的年轻商人多到无法想象。当然，我们不要忘了，马云"为中国完善基础设施"的这一口号并不是空谈，而是言出必行，因此他才备受尊敬，成为中国"神"一样的存在。

■ 阿里巴巴的"法"

最后让我们来谈谈阿里巴巴的商业模式和收益结构。

简而言之，阿里巴巴的商业模式就是通过社会基础设施建设来解决社会问题，为此搭建众多平台。在此基础上笔者想要进一步强调的是，这种商业模式主要是为中小企业服务。B2B 的阿里巴巴、C2C 的淘宝网、B2C 的天猫等电子商务网站都是为了使中小企业能够在该平台上开展业务而开发出来的。

从 2018 年 4 ～ 6 月的决算数据来看收益结构的话，阿里巴巴的核心业务领域占销售额的 86%。这里的核心业务除了电子商务以外，还包括盒马等实体店以及菜鸟等物流服务。作为中国云服务当中占有头号市场份额的阿里云已经成长到占销售额的 6%。此外，数字媒体&娱乐占 7%，其他占 1%，具体参见图 1-10。

根据销售营业利润率（使用 EBITA 计算出来的，EBITA，税息折旧及摊销前利润，全称 Earnings Before Interest, Taxes, Depreciation and Amortization），阿里巴巴与亚马逊之间存在很大差异。就核心业务而言，阿里巴巴获得了 47% 的巨额利润，而阿里云为 –10%，数字媒体&娱乐为 –52%，其他为 –114%，具体参见图 1-11。

也就是说，阿里巴巴通过核心业务盈利，然后将利润投资于其他业务。例如，在数字媒体和娱乐领域，阿里巴巴在提供类似于 Netflix 以及 Amazon Prime 的视频服务的过程中也进行原创内容制作，因此需要先行投资。这种收益结构与亚马逊形成了鲜明的对比，亚

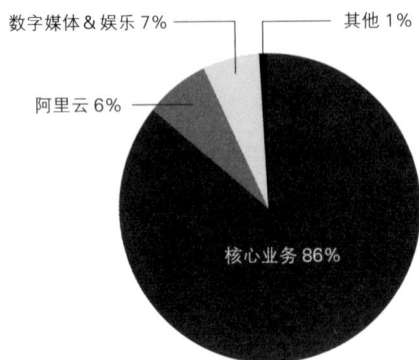

图 1-10　阿里巴巴的收益结构

核心业务	47%
阿里云	−10%
数字媒体＆娱乐	−52%
其他	−114%

资料来源：2018 年 6 月，阿里巴巴集团发布的一份季度业绩报告

图 1-11　阿里巴巴销售营业利润率

马逊通过 AWS 获得巨额利润，以此来弥补其他领域的低利润率所造成的损失。

　　还有一点，考虑到阿里云作为云服务起步比较晚，仍然处于需要大量投资的阶段，此时的营业利润率为 −10％已经很不错了。笔者预计这一数字迟早会变成正数，阿里云终将引领阿里巴巴的业绩发展。

　　到目前为止，我们已经分析了阿里巴巴从事何种业务及其五大因素。在把握全貌的基础上，让我们再来看看需要个别强调的地方。

07 马云卸任的深意

被中国人称为"神一样的存在"的魅力企业家马云于 2018 年 9 月宣布将在一年后卸任。

马云卸任后，前首席执行官（CEO）张勇接任董事局主席职务，马云继续担任董事，直到 2020 年的股东大会，将一直参与由集团高管创建的"阿里巴巴合伙人制度"。教师出身的马云说道："老师总是希望学生超过自己，因此，把职位交给更年轻 、更有能力的人才是对公司对自己负责任的表现。"以此表达了他回归教育界的意向。

笔者早已指出马云是一个使命型领导人。因为从他的言谈和已经实现的业务中，笔者感受到了他"心系中国"的强烈爱国主义感情。如前所述，近年来，阿里巴巴也参与了夫妻店的支援业务以及乡村振兴等业务，这与亚马逊创始人贝佐斯采取的被称为"亚马逊的刀下亡魂"的做法形成了鲜明的对比。

08 深入解读阿里巴巴率先实现的 OMO

较之亚马逊更具先进性

前面提到过，阿里巴巴在实体店方面的先进性已经超过了亚马逊。马云在 2016 年提出了"新零售"概念，其中盒马可以说是线上与线下完美融合的象征。

粗略看来，盒马除了使顾客享受到实体店购物以及现场烹饪所购食材的乐趣之外，还具有在线购物和免费配送的便利性。例如，一旦确定了想要在实体店购买的商品，如果不是立刻需要的话，可以使用盒马应用程序读取商品信息，将其放入在线购物车中，便于日后免费配送。这正是线上与线下的完美融合。由于线上与线下信息完全同步，因此实体店陈列的商品与盒马应用程序上显示的商品完全一致。

另一方面，对于阿里巴巴来说，专注于使用支付宝而不是具有高度匿名性的现金进行支付，具有可以获取详细购买信息的优势。

图 1-12 概括了盒马的价值链构成以及阿里巴巴集团业务的层状结构。价值链构成指的是从商家采购到交货，再到消费者进行选择，然后实际购买并配送，以及之后的售后服务这一系列流程。通过对该图进行解读，可以更加深入地理解阿里巴巴在率先实现的 OMO 中进行了哪些活动，因为它不仅仅是新的零售。

■ 阿里巴巴业务的层状结构

首先，让我们从业务的层状结构开始进行细致分析。

支持阿里巴巴集团业务的是位于层状结构最底层的云计算"阿里云"。阿里巴巴集团的所有业务都在阿里云上运作。

负责物流的是菜鸟。这是一家集团企业，其使命是"全国 24 小时内送达"，它"与世界各地的物流公司开展合作，实现全球 72 小时内送达"。该企业面向电子商务企业，提供物流数据的监控、物流纠纷的处理以及即时准确的物流状态追踪服务。阿里巴巴致力于利用技术帮助企业实现物流信息和异常物流的管理，降低物流成本并提高物流服务水平。盒马在采购时，商品的安全配送就是由菜鸟的物流系统来保障的。

此外，"阿里巴巴区块链"用于追踪，用来确保盒马采购的生鲜食品的质量。在盒马超市，所有的商品包装和价格标签上都附带二维码，顾客可以通过智能手机应用程序来读取详细信息。例如肉类、蔬菜等，顾客可以一目了然地查看商品的产地、收货日期、加工日期以及到货记录等。在食品安全问题隐患不少的今天，利用技术进行全面的信息公开能够在很大程度上赢得消费者的信赖。这种高度

盒马的价值链构成								
价值链的构成要素	商品采购	商品到货	顾客选择	顾客购买	支付	加工	配送	服务
内容与特征	可追溯性	当天到货当天出售	通过智能手机APP选择商品	线上线下均可购买	普遍通过APP支付	可以加工	3km、30分钟免费送货上门	客户关系管理
大数据	商品数据	到货数据	检索数据	购买记录	支付数据	偏好数据	配送数据	顾客数据

层状结构		
食品配送	盒马鲜生与饿了么	
娱乐	优酷	
营销	阿里妈妈	
个人信用信息	芝麻信用	
金融	支付宝	
区块链	阿里巴巴区块链	
物流	菜鸟网络	
云计算	阿里云	

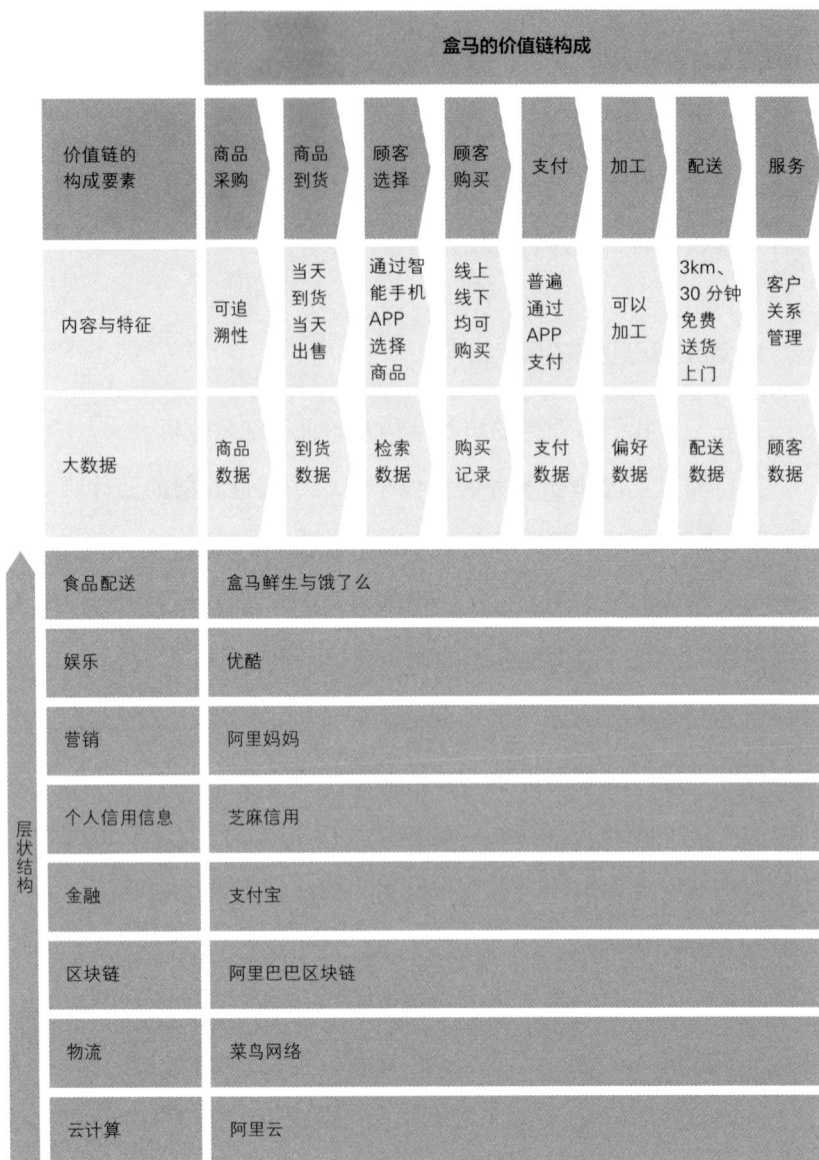

图 1-12　新零售在阿里巴巴当中所起的先导作用

的可追踪性在世界上并不多见。

在盒马超市的付款几乎都是通过支付宝来实现的。这种方式的好处在于，无论是在网点购买还是在实体店购买，通过支付宝，盒马都可以收集到关于"哪些顾客""在什么时间""在什么地点"以及"购买了什么"等问题的详细数据。而且，根据支付宝的使用记录，"芝麻信用"还会向用户提供信用信息。可以认为，这一信息被盒马超市用来区别对待不同的顾客。而负责盒马超市营销的是集团旗下的营销技术平台"阿里妈妈"。向盒马提供商品的企业也可以利用阿里妈妈进行促销活动。

作为阿里巴巴数字媒体和娱乐业务之一的优酷是中国最大的视频服务平台。盒马的宣传视频就是通过优酷平台推广的。

网上订餐方面，值得注意的是，阿里巴巴于 2018 年 4 月以 1 兆日元左右的价格收购了餐饮 OTO 平台"饿了么"。虽然该企业在盒马超市当中扮演的角色尚不明确，但在竞争激烈的外卖行业当中，饿了么对于预测这一行业的发展趋势具有重要作用。饿了么成立于 2008 年，总部位于上海，在中国 2000 个城市开展业务，拥有 130 万家餐厅和 2.6 亿注册用户，注册快递员也有将近 300 万名。截至 2017 年，中国的外卖市场呈现出阿里巴巴、腾讯和百度三足鼎立的竞争局面，收购饿了么使得阿里巴巴集团在 2018 年年底占据了中国外卖领域大部分市场份额。

■ 盒马的价值链构成

接下来让我们看一下盒马的价值链构成。盒马的价值链包括 8

个要素，分别是商品采购、商品到货、顾客选择、顾客购买、支付、店内加工、配送和售后服务。

将这种价值链与盒马的业务层状结构相结合，就可以一探盒马已经实现的"新零售"业务的全貌。

在商品采购阶段，通过阿里巴巴区块链可以确保所有商品的可追溯性，并累积生产者数据。

对于到货的商品，根据盒马的在线订单以及顾客在实体店使用支付宝时留下的支付数据可以收集到所有的购买数据，因此每家门店都可以对自己的业务进行操控。这就是盒马在明明没有仓库的情况下却能实现"当天到货，当天出售"的原因。

顾客在挑选商品时，通过智能手机应用程序查看商品信息。由于该程序保留了顾客在线的检索数据，因此这些数据也可用于分析客户需求。

之前曾反复提到，顾客在购买商品时，盒马几乎可以获取所有的购买数据。由于这些数据可以被准确记录并分析出"哪些顾客""在什么时间""在什么地点"以及"购买了什么"等，因此它的意义远非传统的终端销售数据可比。

如果顾客想要在店内对食材进行烹制的话，盒马也能收集到他们的偏好数据。这些数据可以用来更加准确地预测应该采购哪些商品。

在配送方面，盒马建立了一个门店 3 公里以内、30 分钟内免费送货上门的配送网。这也能够积累配送数据，因此它将帮助阿里巴巴集团找到更有效的方式来解决"最后一公里"的课题。

这一系列过程之所以能够实现，主要得益于"客户关系管理"（CRM，Customer Relationship Management），因为通过这一概念，盒马大大提高了顾客的忠诚度和保有率。

■ 数字化转型的实现

通过对盒马的分析，可以具体理解"数字化转型"一词的含义。"数字化转型"可以通过各种方式进行解读，其中，日本经济产业省于 2018 年 9 月发布的《数字化转型报告》当中介绍了 IT 咨询公司 IDC Japan 对这一概念的定义："公司在应对外部生态系统（客户、市场）的破坏性变化的同时，推动内部生态系统（组织、文化、员工）的转型，使用第三平台（云、移动性、大数据 / 分析、社交技术），通过新的产品和服务、新的商业模式，在互联网和现实两个方面通过转变客户体验来创造价值并建立竞争优势。"

在了解盒马之前，虽然很少有人能够通过阅读以上报告来获得关于数字化转型具体的印象，但是如果将盒马正在实施的业务变革看作数字化转型实践的话，或许就能理解这一转型的意义。

如果把盒马简单概括为新零售、OMO 超市的话，恐怕会低估阿里巴巴正在实施的数字化转型的意义。阿里巴巴试图引发一个更加强大的数字化转型，不仅适用于盒马所在的生鲜食品，也适用于服装、家电等商品。

最先进的盒马超市位于阿里巴巴杭州总部旁的商业设施的地下一层，笔者来到这里，感受到了盒马在新零售以及整个智慧城市构想当中的战略重要性，同时也感受到了挑战。这就是阿里巴巴所采取的将整个城市与强有力的内容部分这两者进行数字化转型的方式。

第二章

苹果 VS 华为

—— 平台运营商与硬件制造商

Apple × Huawei

本章的目的 ▸▸▸

第二章将介绍作为智能手机制造商，分别在美国和中国具有强大存在感的苹果和华为。虽然这两家公司都起步于包括智能手机开发在内的制造业，但之后的业务发展、目标却存在很大差异。简而言之，就是作为平台运营商还是硬件制造商的问题。

苹果不仅拥有 iPhone 终端，还开发了 iOS，并且正在为全球的应用程序开发商构建平台，用于提供、出售应用程序。华为始终走在"拥有世界领先技术的硬件制造商"的道路上。

这里笔者将结合最新动态分析两家企业的实态与战略，以及 2018 ~ 2019 年两家各自遭遇的巨大危机——苹果业绩下滑造成苹果股价下跌，华为孟晚舟女士被逮捕造成全球股票同时下跌。它们今后将何去何从？

01 苹果的业务实态

制造商 + 平台建设者

对于苹果，相信很多人都有明确的企业印象。iPhone、iPad、Mac 等设计高端的产品拥有众多的"粉丝"，苹果的新机型发布会总会引起全世界的高度关注以及媒体的大力报道，相信许多读者也是 iPhone 手机和笔记本电脑 Macbook、流媒体音乐服务 Apple Music 的忠实用户。

然而，如果被问到苹果作为企业采取的究竟是怎样的战略，恐怕大家就回答不上来了。在此，笔者将对苹果的全貌进行整理。

■ 全球首家总市值超过 1 兆美元的企业

现在，智能手机已经深深扎根于世界人民的生活当中，智能手机是如此受欢迎以至于没有它的生活简直不敢想象。在智能手机当中，特别引人注目的是全球年销量达 2 亿部的苹果智能手机

iPhone。

自 2007 年问世以来，iPhone 就带动了苹果的业绩不断增长，2018 年 8 月，苹果成为全球首家总市值超过 1 兆美元的企业。与 2007 年相比，股价实际上涨了 12 倍，苹果在股市中的企业价值得到前所未有的高度评价。

过去，苹果公司的名字是"苹果电脑"。顾名思义，当时它是一家名为 Macintosh（Mac，中译麦金塔）的电脑制造商。到目前为止，虽然苹果公司的业务已经大大扩展，但是作为制造商的性质并没有发生改变。

苹果于 2001 年发布了配备硬盘的便携式音乐播放器 iPod，于 2007 年发布了 iPhone，于 2010 年发布了平板电脑终端 iPad。每个时代的苹果产品都引领了便携音乐播放器市场、智能手机市场以及平板电脑终端市场的发展。

苹果之所以能够引领市场发展，是因为它出售的不光是终端，还通过终端提出了新的数字生活方式。就拿 iPod 来说，苹果不仅出售好用的便携式音乐播放器，还免费提供名为 iTunes 的管理软件，通过 iTunes 提供音乐播放服务。也就是说，苹果在当时提出了一种革命性的数字生活方式——想听音乐的时候购买想听的乐曲，然后可以随时随地听音乐。可以说，这种理念引发了音乐市场的破坏性创新。

苹果的这一理念反映了该公司对于设计的执着以及对用户体验的高度重视，因此收获了大批狂热的"粉丝"。

其他的终端制造商之所以无法与苹果相提并论，可以说很大程度上在于苹果的这一理念被公认为具有高度的品牌价值。

■ 通过 iPhone 获得双重利润

与其他制造商的智能手机相比，拥有高度品牌价值的 iPhone 的特征在于利润率非常高。这是因为苹果能够以足够赚钱的价格出售 iPhone，而 iPhone 以外的智能手机则被迫进行价格竞争。

从全球智能手机市场的出货量来看，2017 年 4 ～ 6 月出货量最多的是韩国的三星，约为 7980 万台。苹果约为 4100 万台，只有三星的一半左右。然而，苹果通过出售 iPhone 获得的利润却占整个行业利润的 91%。也就是说，全球智能手机市场的利润主要被苹果公司垄断了。（小久保重信《四大 IT 企业描绘的未来》）

iPhone 与其他智能手机的另一个区别在于配备了 iOS。

其他智能手机大多配备安卓系统，这是一款适用于谷歌智能手机的操作系统。许多安卓智能手机用户使用谷歌运营的应用程序商店 Google Play 下载面向安卓的应用程序，以便使用智能手机功能、享受音乐和游戏等服务。

然而，苹果在这方面不仅拥有 iPhone 终端，还拥有 iOS，iPhone 用户通过苹果运营的苹果商店（App Store）下载应用程序。也就是说，苹果不仅仅是一家智能手机制造商，还为全球的应用程序开发商提供了出售应用程序的平台。

如果面向 iPhone 或 iPad 的应用程序需要用户付费购买的话，应用程序开发商则要向苹果支付销售额的 30% 作为手续费。可以说，苹果的商业模式与"只出售终端"的智能手机制造商截然不同。

　　包括苹果商店以及通过流媒体音乐服务 Apple Music 等提供的音乐播放在内，苹果服务部门的销售额截至 2016 年 9 月已经达到 243 亿美元，到 2018 年 9 月增加到了 371 亿美元。

　　随着智能手机的普及以及更换周期的延长，iPhone 的销售势头也在放缓。在这样的市场环境下，苹果今后的目标是进一步扩大服务部门的内容。

02 苹果的五大因素

通过"道""天""地""将""法"来进行战略分析

在了解苹果全貌的基础上,让我们来看看苹果的"道""天""地""将""法"五大因素,具体参见图 2-1。

■ 苹果的"道"

苹果没有像亚马逊或脸书那样制定明确的使命。然而,苹果的品牌观是明确的。广告打出的口号是"引领""再定义""革命",表达了苹果为之奋斗的世界观。

此外,电视广告中使用的"Think different"(不同凡"想")或"Your Verse"(你的诗篇或活出自己)等口号也令很多人印象深刻。从这些口号可以看出,苹果希望通过产品和服务帮助人们培养自己的观点并以自己的方式生活。苹果对"支持人们活出自我"的强烈执着可以被称为使命感。

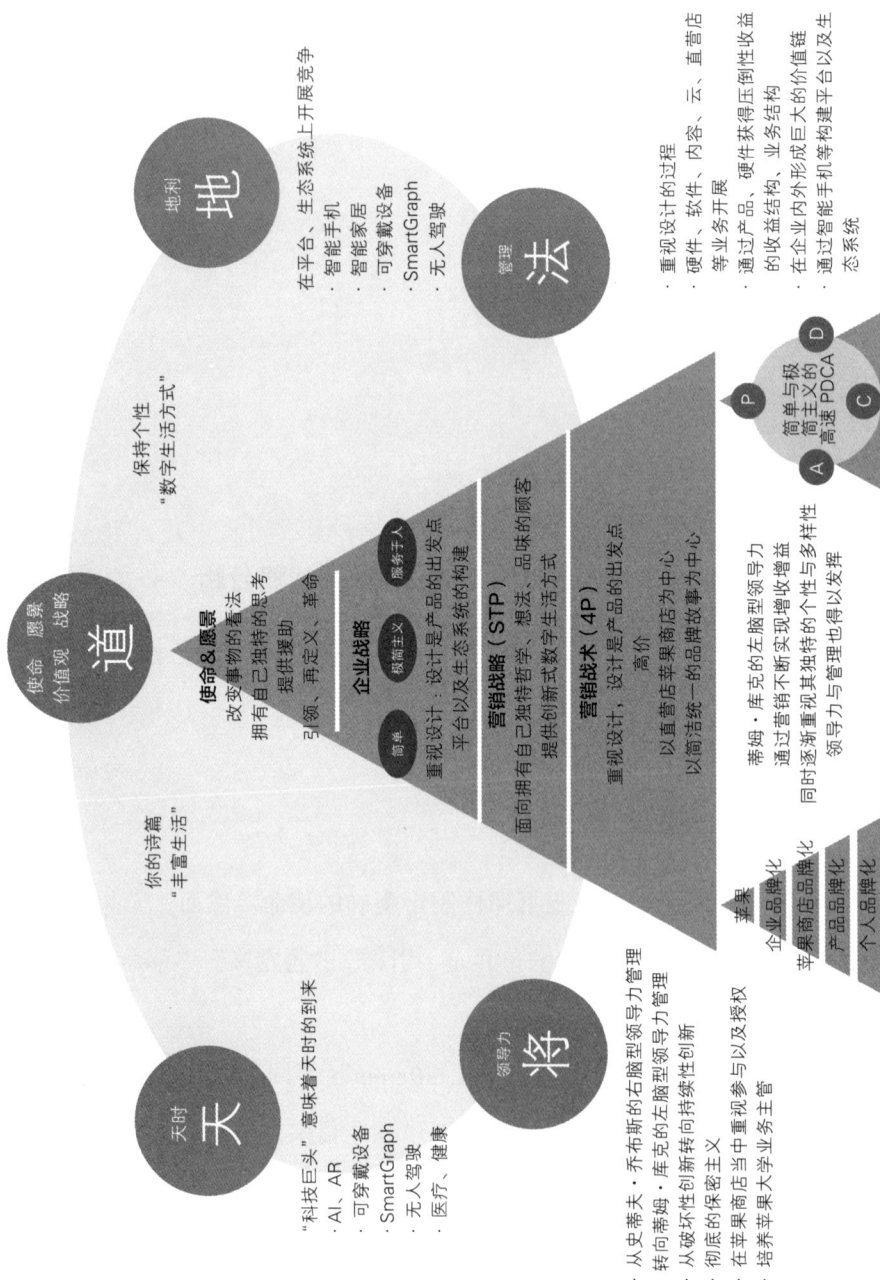

图2-1 用"5因素法"分析苹果的大战略

苹果的这种使命感继承了于 2011 年去世的创始人史蒂夫·乔布斯（Steve Jobs）的思想。虽然乔布斯有过被苹果驱逐的时期，但他在复职后的 1997 年公开的苹果广告当中打出了 "Think different" 的口号。广告中出现了爱因斯坦、约翰·列侬、巴勃罗·毕加索等改变世界的天才人物，并附有以下旁白。

这个世界有疯狂的人

他们特立独行，他们桀骜不驯，他们惹是生非

就像方孔中的圆桩，他们用不同的角度来看待事物

他们既不墨守成规，也不安于现状

你可以赞美他们，否定他们，引用他们，质疑他们，颂扬或是诋毁他们

但是唯独不能漠视他们

因为他们改变了世界，推动人类的发展

他们是别人眼里的疯子，却是我们眼中的天才

因为只有疯狂到认为自己能够改变世界的人

才能真正改变世界

整个广告充满了苹果的哲学，这种哲学以产品和服务的形式呈现在大众面前。而且即使在乔布斯去世后，现任 CEO 蒂姆·库克（Tim Cook）仍坚持用这种哲学来管理苹果。

一般而言，企业的品牌化最重要的是企业家或创始人等个人倡导的理念自我品牌化。他们的想法与品位植根于整个公司、产品

以及服务、门店当中，以此构筑起强大的品牌效应。在这方面，库克继承了乔布斯的理念，首席设计官乔纳森·伊夫（Jonathan Paul Ive）则通过产品将乔布斯的品位不断升华，因此苹果公司至今仍能保持压倒其他科技企业的强大品牌力量。

■ 苹果的"天"

对于苹果来说，"天"是一个支持人们拥有自己的观点并以自己的方式生活的机会。

例如，苹果建立起名为 iPod 和 iTunes 的平台，推出音乐播放服务，或者通过 Apple Music 提供流媒体音乐服务，可以说这些服务所呈现的全新的数字生活方式使人们更加自由。通过技术革新提高通信速度，或者推动音乐行业从 CD 销售转向音乐播放，甚至通过流媒体服务来探索音乐服务的新的收益方式等，这些动向都可以看作是苹果用来贯彻其哲学的"机会"。

■ 苹果的"地"

对于苹果来说，"地"指的是通过 iPhone 和 iOS 构建平台，并在该平台上建立生态系统的商业模式（即商业生态系统，Business Ecosystem）。

在 iOS 上运行的应用程序，如果未经苹果审核，则无法进入苹果商店。而经过审核发布的应用程序，如果需要用户付费购买时，开发商需要向苹果支付 30％ 的销售额作为手续费。即使应用程序本身是免费的，如果应用程序内提供收费服务或使用订阅服务（服务的定期购买）的话，也需要向苹果支付一定比例的手续费。这一平台上聚集了数百万的应用程序开发人员和超过 10 亿名应用程序用户。根据苹果的说法，苹果商店正在成长为一个令人兴奋和充满活力的地方。

■ 苹果的"将"

苹果现在的"将"是库克，但是为了深入理解苹果，需要首先了解其创始人乔布斯。

毫无疑问，乔布斯是百年一遇的天才，他具有与历史上的革命家一样的极端个性。乔布斯本人认可的传记《史蒂夫·乔布斯传》（沃尔特·艾萨克森著）当中提到了这样一则逸闻，有一次供应芯片的客户公司希望推迟交货，这时乔布斯突然闯进会议室，大骂对方"你们这群没用的没种的饭桶"（Fucking Dickless Assholes）。据说在那之后，最终按时交货的公司高管特意制作了一件后背写着"team FDA"的夹克。

乔布斯也是一位杰出的策划员和营销员。在著作《史蒂夫·乔布斯的魔力演讲》（*The Presentation Secrets of Steve Jobs: How to Be Insanely Great in Front of Any Audience*）中，作者卡米恩·加罗（Carmine Gallo）认为乔布斯的演说"具有释放多巴胺的力量"。乔布斯的演说不仅使许多人热情高涨，提高了大家对苹果产品的期待，也为提高苹果的品牌价值做出了贡献。

而且在制造过程中，乔布斯对细节表现出近乎偏执的执着，甚至连看不见的电路板芯片也要排列得整整齐齐。

恐怕任何人都无法取代乔布斯这样的人吧。

与乔布斯相比，库克始终抹不掉"普通人"的形象。然而库克也是一位优秀的企业家，并且具有足够的魅力。

企业家可以分为右脑洞察型的管理者与左脑操作型的管理者两种类型。按照这一分类，乔布斯正是右脑型，而库克则属于左右脑都很出众的平衡型。利用这种平衡感，在承受"乔布斯的继任者"这种巨大身份压力的同时，库克牢牢地掌控了苹果这家世界级大企业。库克拥有的提高组织力量的能力正是乔布斯所不具备的，而这一点绝对值得高度评价。

此外，在被任命为 CEO 之后，库克公开了自己同性恋的性取向，成为美国多元化和自由的象征。现在库克本人已经成为苹果的价值观之一，并且发挥了独特的领导与管理能力。"毫无疑问，我们真诚地致力于解决女性、种族以及 LGBT（泛指所有非异性恋者）的就业机会问题，同时支持个人隐私的保护以及法规，解决技术的使用过度问题，避免技术超支。""库克正在推动社会的公正性以及企业、社会甚至人类的可持续发展。"（松村太郎《东洋经济周刊》2018 年 12 月 22 日）库克也许不具备革命性，但他是天才企业家。

■ 苹果的"法"

最后，让我们来看看苹果的收益结构。

虽然苹果正在多方面开展硬件、软件、内容、云、直营店等业务，但其销售额主要来自硬件产品。

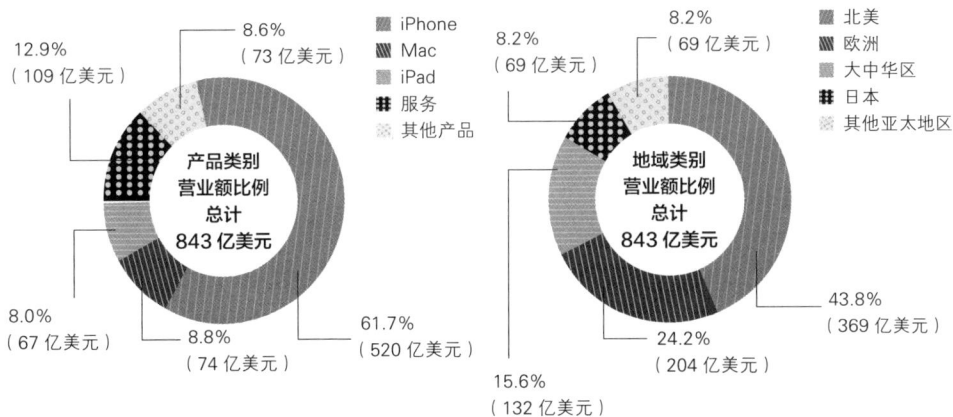

资料来源：苹果 2019 年第一季度决算资料

图 2-2 苹果的产品类别营业额比例与地域类别营业额比例

从苹果 2019 年第一季度销售额的构成来看，iPhone 占 61.7%，服务部门占 12.9%，Mac 占 8.8%，iPad 占 8.0%。另外，从地域上来看，苹果在北美的销售额为 43.8%，欧洲为 24.2%，大中华区为 15.6%，日本为 8.2%，其他亚太地区为 8.2%，具体参见图 2-2。

随着中美贸易摩擦的加剧，有必要密切关注中国市场对于苹果产品将持何种态度，而这种态度又将会对苹果产生何种影响。

2019 年 1 月，"苹果危机"席卷了整个市场。苹果公司于 2018 年初就宣布下调 10 ～ 12 月的销售额，并将 2018 年秋季推出的新款智能手机的计划产量减少 10% 左右。这一决定造成苹果的股价暴跌，对日本股市也产生了重大影响。

关于此次"苹果危机"，笔者认为，苹果的发展将会持续面临困难局面，直到企业建立起新的平台。这一点将在后面讨论。

03 苹果的品牌价值

作为高端品牌所具备的卓越价值

在这里，笔者将从自己的专业领域——营销中品牌理论的角度对苹果进行分析。

品牌包括创业者或企业家的品牌化，即个人品牌化；以商品和服务为对象的商品品牌化；以企业整体为对象的企业品牌化。本书涉及的 4 家美国科技巨头的共同点之一就在于它们都拥有卓越的企业品牌。

另一方面，从企业提供的商品本身能否实现品牌化，特别是能否成为高端品牌（品牌价值高于普通商品，可以高价出售）来看，笔者认为苹果在这 4 家企业当中最具优势。

图 2-3 显示了以苹果的 iPhone 为代表，通过梯度分析这一框架进行的品牌分析。优秀的品牌在名称、属性（特征以及业绩）、功能价值、情感价值以及品牌价值等各个方面都具有卓越的顾客价值。

品牌价值
拥有自己独特的生活方式
希望使用符合自己生活方式和心情的
高品质智能设备

情感价值
值得骄傲，值得信赖

功能价值
优越且便于操作

属性
Face ID　苹果商店　iCloud
作为智能手机的各种特征　健康管理功能

品牌名称
苹果 iPhone

图 2-3　苹果的品牌化分析

　　首先，iPhone 当中的"i"包含了许多意义。通过以小写字母开头营造出违和感来吸引目光，另一方面，从整体来看 iPhone 具有明快的语调和发音。最重要的是，"i"当中还包含了"我""我的""保持自我"的意义以及品牌价值。

　　属性方面可以列举 Face ID（苹果开发的人脸识别系统）、作为平台的苹果商店、实现多台设备同步的 iCloud、智能手机的各种特征以及稍后将详细介绍的健康管理功能等。

　　重要的是，每个产品的功能价值和情感价值都是从属性当中派生出来的，而不是来自商业广告和标语的宣传。从功能价值来看，苹果的 CX（客户体验）、CI（客户界面）十分优越且便于操作；从情感价值来看，实际使用 iPhone 会使用户产生"值得骄傲，值得信赖"

的感觉。

可以说，iPhone 最终提供的是顾客价值，例如以自己独特的方式来生活，习惯于用自己独特的方式使用符合自己生活方式和心情的高品质智能设备。正如苹果对于 iPhone 拥有自己独特的哲学、想法、品位一样，人们也希望将自己独特的哲学、想法、品位融入工作和生活方式当中。这既是苹果设定的目标，也是苹果对自身的定位。

04 对于重视隐私的强烈执着

苹果在人工智能方面起步晚了？

苹果之所以在 8 家公司中脱颖而出，是因为苹果重视顾客的个人隐私，明确表示不会使用个人数据。在"物联网＋大数据＋人工智能"的时代，不使用从消费者身上获取的大数据对人工智能战略也会产生很大影响。实际上，人们通常认为苹果在人工智能方面起步晚了。

虽然有人批判说"由于苹果起步晚了，所以不使用个人数据只是为了寻找借口而已"，但是笔者分析认为，苹果对于个人隐私的重视来自该企业"希望每个人都能保持自我"的使命感和价值观。

的确，亚马逊通过一种名为协同过滤的人工智能算法向消费者发送电子邮件来推荐其可能感兴趣的产品，而苹果则向消费者统一发送介绍产品和服务的电子邮件，因此经常被认为没有品位。然而，随着越来越多的人意识到自己的个人数据在各种情况下被科技企业所采集，那么，苹果的这一立场或许将被重新评估。

笔者使用苹果产品已有很多年了。现在，笔者将配备了 Face ID 的 iPhone X、常规 iPad 与 iPad Pro 以及 iWatch 4 同步使用。其中有不少功能是因为它们是苹果产品才使用的。

最重要的功能是 Face ID。搭载 Face ID 的 iPhone X 和 iPad Pro 虽然使用起来非常方便，但笔者意识到这一功能记录下了自己的私人生活和日常状态。尽管如此，笔者依然使用这些产品，完全是出于对苹果的信赖。

关于支付应用程序，出于工作需要，笔者把重要的程序一股脑儿地全部安装在智能手机上，但实际上每个功能只用过几次，实际上最常用的是以 iWatch 为终端的 Apple Pay 和 Suica 支付。按两次手

支付通过 Apple Pay
和 Suica

健康管理通过 iWatch 的
ECG（心电图）测量

工作通过 iPad Pro

金融交易交给值得
信赖的企业

自己的医疗数据交给
值得信赖的企业

工作信息交给值得信
赖的企业

注：以上只是笔者个人的情况。当然也有不少人追求更加方便的生活，因而不在意这些事。但是，随着信用度在金融服务、医疗服务和商务服务等领域变得越来越重要，苹果的价值很有可能会被重新评估。

图 2-4　可信度高的苹果产品

表右侧的按钮就会显示付款页面，然后将其放在相应设备上读取即可。在便利店、出租车以及新干线、地铁等地付款非常快捷舒适。然而，比起方便，更重要的还是苹果的可信度与安全感。进行金融交易时，如果需要提供自己的信用卡信息，甚至需要提供银行账户的话，恐怕大家不会把这些信息提供给不信任的企业吧。

自从 iWatch 4 问世以来，iWatch 能够进行心电图测量，已经发展到医疗设备的水平。这一功能将在后面介绍，管理医疗数据的也是值得信赖的苹果公司（截至 2019 年 3 月该功能在日本尚未激活）。

工作当中，笔者在外出作业时更多的是使用 iPad Pro 而不是在电脑上进行，这也是因为管理重要工作信息的是值得信赖的企业。

05 成为医疗商务的平台运营商

iWatch 已然成为医疗设备

史蒂夫·乔布斯去世后，苹果公司虽然在业绩和股价上实现了显著增长，但在创新方面却止步不前。甚至有人猜测，苹果公司恐怕很难再像过去那样引发破坏性创新。对此，笔者认为，曾经用 iPod 颠覆音乐市场的苹果这次要用 iWatch 来颠覆医疗保健市场。

如前所述，iWatch 从系列 4 开始搭载心电图功能，实际上将保健管理功能发展到了可以称为"医疗设备"的水平。从这个系列开始，硬件构造进入了一个新的阶段，健康管理、医疗管理的便携设备得到进一步强化。实际上，作为有限的医疗设备，iWatch 还获得了美国 FDA（Food and Drug Administration，美国食品药品监督管理局）的认证。在此具体说明一下，iPhone 的用户当中有不少人使用名为"健康"的标配应用程序。该程序通常会显示"步数""运动时间"等，与 iWatch 一起使用时，将显示心率、心率变动等，如果监测到异常

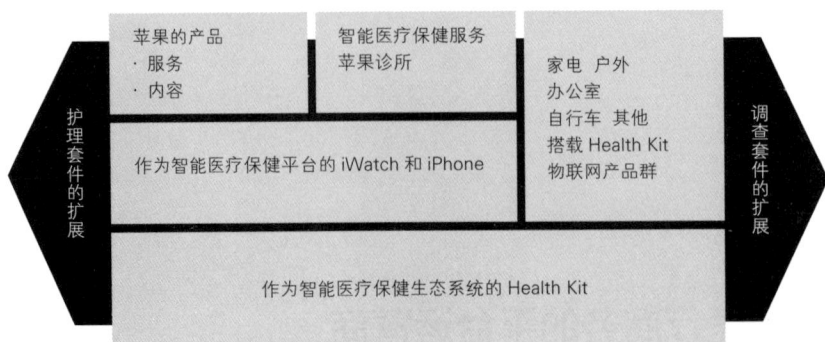

图 2-5　苹果的医疗保健战略预测

值将向用户发送实时信息。实际上，该产品已经从健康管理进化为医疗管理。而心电图功能只是苹果医疗保健战略的功能之一。

　　根据目前公开的信息，笔者从未来发展的角度将苹果的医疗保健战略总结为层状结构，具体参见图 2-5。

　　位于层状结构的最底层，作为支持苹果医疗保健战略的基础设施的是智能医疗保健生态系统健康套件。该系统除了能够从 iWatch 和 iPhone 等苹果设备获得个人医疗、健康数据以外，还可以存储医院的病例信息。用户可以通过已经发布的健康管理应用程序 Health care 来查看自己的数据，除此之外，未来该程序还可用于与医疗机构的互动。

　　可以认为，苹果不仅向自己的产品公开这一生态系统，还将为其他公司开发的医疗保健相关物联网设备产品群提供开放平台。今后，iWatch 和 iPhone 也将成长为智能医疗保健平台，在这些平台上，各种健康保健相关的产品、服务、内容将陆续开发出来。

这就是之前提到的苹果构建的新平台。

此外，苹果已经开发了 Care Kit 作为医疗保健相关应用程序的开发平台，开发了 Research Kit 作为医疗保健相关的调查平台。

笔者进一步推测，苹果可能会以智能医疗保健生态系统 Health Kit、智能医疗保健平台 iWatch 和 iPhone 为基轴，开设"苹果诊所"，即实际的医院或诊所业务。众所周知，苹果已经使用相关产品为自己的员工开设了诊所。因此，苹果在运行员工专用的高速 PDCA 的过程中，当时机成熟时，有可能将业务扩展到一般大众。

除了心电图功能之外，苹果计划在 iWatch 当中进一步增加血压与血糖测量功能。

技术在医疗当中的重要性不言而喻。在围绕平台的竞争当中，谷歌和亚马逊也将成为该领域不容小觑的对手。不过，笔者最后想指出的是，医疗领域的生态系统和平台当中最重要的就是可信度和安全感。

06 华为的业务实态

只关注"华为危机"则无法把握全貌

接下来要分析的中国企业是华为。该企业在 2018 年第二季度和第三季度的智能手机出货量上超过苹果公司，正在与苹果公司争夺全球第二大智能手机制造商的宝座。

关于华为，不得不提到 2018 年 12 月，应美国要求，该公司副董事长兼首席财务官孟晚舟被加拿大当局逮捕，理由是怀疑她非法从事金融交易。之后，华为多次被媒体报道。以这次的"华为危机"为契机，相信很多人对华为"是一家怎样的企业"产生了兴趣。

然而，仅靠这些片面的消息很难看清华为的实际情况。在此，首先对华为正在从事的业务以及为什么获得如此多的关注这一整体情况进行说明。

■ 世界第一移动通信设备制造商

根据位于马萨诸塞州的市场调查公司 TDC 公布的数据，从全球市场的智能手机出货份额来看，韩国的三星电子在 2018 年第三季度排名第一，约占 20%，华为约占 15%，排名第二，苹果排名第三，约占 13%；而到了第四季度，三星电子排名第一，约占 18.7%，苹果排名第二，约占 18.2%，华为排名第三，约占 16.1%。在日本，智能手机的销售数据显示，华为仅次于苹果和夏普，位列第三，拥有 10% 左右的市场份额。因此，许多人认为华为是一家智能手机等移动设备制造商。

然而，如果用一句话来对华为进行更准确地定位的话，就是拥有世界领先技术的硬件制造商。

华为在移动通信设备方面尤其具有优势，出货量超过瑞典的爱立信，位居世界第一。华为大约 50% 的销售额来自面向通信企业的网络业务，而在日本，软银公司采用的基站服务就是由华为提供的。

由于华为在移动通信设施方面超过了诺基亚和爱立信，在智能手机方面超过了苹果，因此，作为硬件制造商，华为的竞争力令国际同行瞠目结舌。那么，这种力量究竟来自何处？

根据沈才彬教授所说，华为的优势在于"不断将巨额资金投入研究开发当中"。华为坚持将每年销售额的 10% 以上用于研究开发，2017 年的年度研发费用高达 879 亿元（华为 2017 年年报）。这个数字甚至超过了苹果和丰田的研发费用。此外，在全球 18 万华为员工当中，研发人员超过 8 万人，约占总数的 45%。在这样的体制下，华为已经成功申请了多项国际专利，专利数量在 2014 年和 2015 年均位居世界第一，2016 年位居世界第二。据统计，2015 年华为使用苹果公司专利 98 项，而苹果公司使用华为专利却高达 769 项，华为的技术开发能力可见一斑。

直到不久前，还有不少人认为中国的制造商只会模仿外国企业。回顾一下华为的历史就会发现，即便是华为也有过在模仿国外产品的过程中不断成长的时期，不过，它现在的技术已经达到了世界一流的水平。

■ 专注于云业务

除了移动通信设备和智能手机制造外，近年来华为还专注于提供与亚马逊 AWS 类似的云服务。虽然 2017 年才将云业务作为重点发展领域，华为 CEO 却大胆地宣布华为将成为世界五大云服务之一，果断追赶在这一领域领先的亚马逊、微软和谷歌。

根据华为公布的数字，2018 年《财富》世界 500 强当中，有 211 家企业使用的是华为的云服务，这一数字表明华为的业绩正在稳步增长。

■ 在 5G 研究中领先

在对华为进行考察时，关键之一在于其将在 2020 年实现商用化的下一代移动通信技术 5G。所谓 5G，简而言之就是一种可以实现高速度与大容量、低时延、泛在网的通信技术。

在万物互联的物联网时代，现有的 3G 和 4G 通信技术已经无法满足现实需求。4G 的最大传输速度为 1Gb/s ，而 5G 能够达到

20Gb/s。4G 的延时为 10 毫秒，而 5G 只有 1 毫秒。在能够同时链接
的设备数量上，4G 为每平方千米 10 万台，而 5G 能达到 100 万台。
也就是说，与 4G 相比，5G 具有 20 倍的速度、十分之一的延时以及
10 倍的可链接数量。据说，5G 用户的体验速度相当于 4G 的 100 倍。

5G 能够使通信环境得到显著改善，首先临场感满满的视频发布
将成为可能。例如，如果实现了体育的 3D 实时直播，就可以在任何
地方享受在体育场观看比赛的感觉。

使用 VR 和 AR 召开会议的话，即使彼此相隔甚远，也能产生
如同身处一室的感觉。

通过 5G 通信控制远程终端，医生远程手术、木匠远程盖房等
也将不再是梦想。

当然，在无人驾驶方面，收集马路上行驶的每辆汽车的数据以
及实现汽车之间的数据通信等也离不开 5G 技术。如果没有低时延的
数据通信，就不可能实现高速行驶汽车的安全无人驾驶。

通过这种方式，5G 将为我们带来新体验，而这种体验充满了各
种可能性。本书涉及的科技巨头的未来战略也只有在 5G 这个下一代
通信技术的基础上才能描绘出来。

■ 影响下一代移动通信基础设施的霸权之争？

正如之前所说，华为是全球首屈一指的移动通信设备企业。东
京大学大学院的江崎浩教授在接受新闻节目采访时表示："华为在
5G 研发领域处于世界领先地位。"今后，随着世界各国不断完善 5G
基础设施，华为在这一领域的地位将举足轻重。

　　然而，5G 在为华为夺取下一代移动通信基础设施优势地位提供机遇的同时，也对一些企业造成了威胁，引起了它们的强烈反弹。而且还有观点认为，5G 与华为危机直接相关，而华为危机正是中美贸易摩擦的外在表现之一。

　　2018 年，包括美国、日本在内的一些国家发起了抵制华为移动通信设备和智能手机的运动，如此剧烈的环境变化会对华为产生怎样的影响？后文将对此进行讨论。

07 华为的五大因素

通过"道""天""地""将""法"来进行战略分析

在把握华为整体印象的基础上，让我们来具体分析华为的"道""天""地""将""法"五大因素，具体参见图 2-6。

■ 华为的"道"

华为将"把数字世界带入每个人、每个家庭、每个组织，构建万物互联的智能世界"作为企业明确的愿景和使命。

华为 2017 年年报当中详细介绍了华为领导人对这一使命的理解。

从上百亿的个人终端到无处不在的工业传感器，万物感知打通了物理世界与数字世界的边界，源源不断地产生着海量数据。从人人通信到无处不在的物联网，万物互联加速了数据流动，使得大规

作为综合信息通信技术企业不断成长

地利　地
- 总部：深圳
- 竞争领域：四大业务领域（运营商业务、企业业务、消费者业务、云业务）
- 优势：提供从策划到解决方案的相关服务，凌驾于苹果之上的研究开发费用（占营业额的15%，占营业费用约49%）

管理　法
- 平台＆生态系统：通过信息通信技术与智能设备实现数字化转型
- 业务结构：四大业务领域（运营商业务、企业业务、消费者业务、云业务）
- 收益结构：运营商业务（收益比重49.3%，增长2.5%）、企业业务（收益比重9.1%，增长35.1%）、消费者业务（收益比重39.3%，增长31.9%）、云业务等其他业务（收益比重2.3%，增长28.9%）

道（使命　愿景　价值观　战略）

使命＆愿景
构建万物互联的智能世界

价值观
华为基本法

战略
四大战略
- 构建普通网更加优越的体验
- 通过宽带实现更为加速的连接性
- 开发值得信赖的开放式云平台
- 形成体验至上的设备生态系统

天时　天

"数字化转型" 是 "天时"

- 政治：中国政府实施的产业政策，如"中国制造2025""互联网＋""人工智能政策"、"十三五"规划等
- 经济：以互联网为中心的经济
- 社会：共享、安全意识、OMO、新零售
- 技术：5G、云、人工智能、智能手机、推广、无人驾驶等

领导力　将

- 创始人兼董事任正非的"孤高的领导力"
- 华为基本法
- 轮值CEO/董事长制度
- 未上市的员工持股制度
- 股东的98%以上为员工，创始人的持有股份仅为1.4%（拥有否决权）

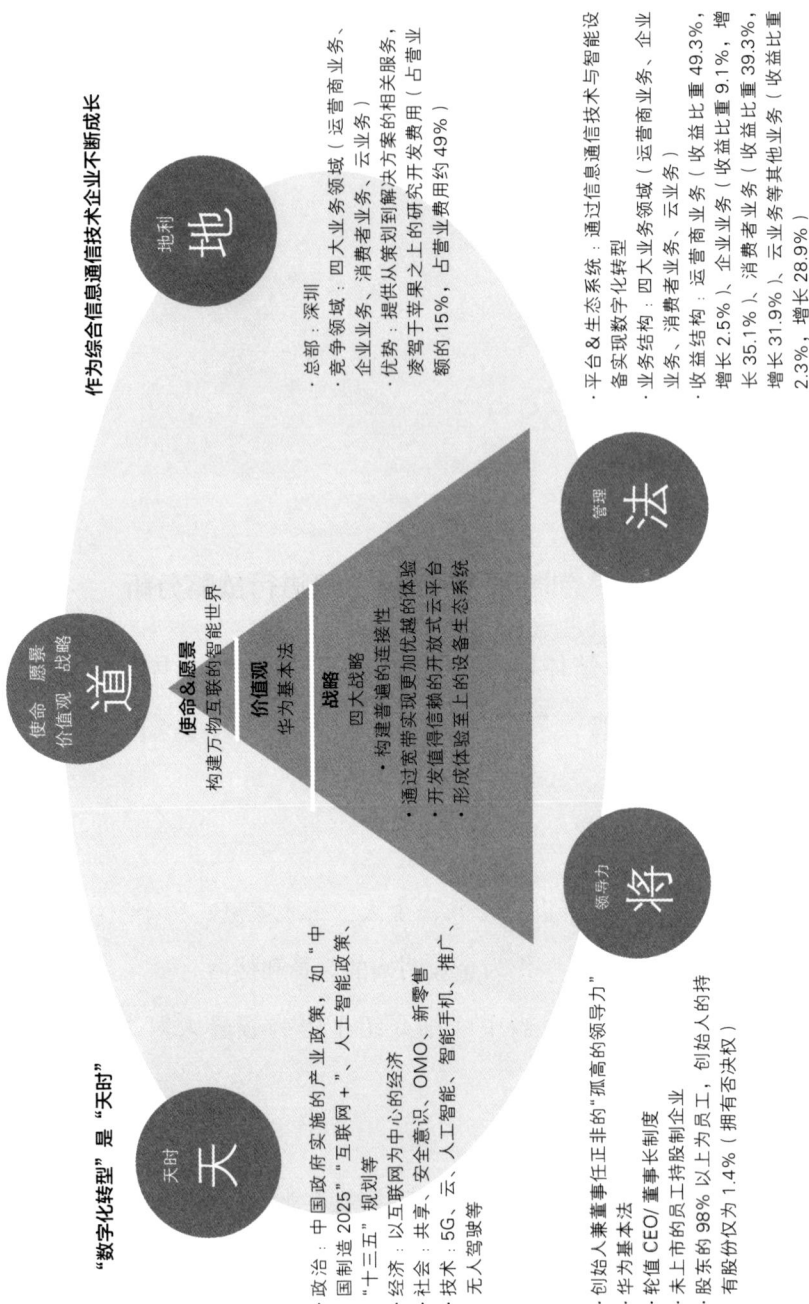

图2-6　用"5因素法"分析华为的大战略

模的数据分析和利用成为可能，从全球分布的云数据中心到无处不在的边缘计算，万物智能将数据转换成商业机会，激励各行各业应用创新，释放潜能。

以上内容使我们联想到华为提供的智能手机以及今后将会进一步普及的物联网、连接它们的下一代移动通信网络 5G、将收集到的大量数据进行处理的云服务以及今后各类企业将要开展的 VR 和 AR 相关服务等。

华为致力于构建万物互联的智能世界，并在这一使命的基础上，提供以"服务于智能世界的硬件"为中心的产品和服务。

■ 华为的"天"

华为将"把数字世界带入每个人、每个家庭、每个组织"作为使命，这正是华为的"天"。

与此相关，值得关注的是华为声称自己"正不断努力消除数字鸿沟"。年报当中提到，华为为全球近 30 亿人提供产品和服务，其中包括许多发展中地区和偏远地区。

实际上，历史上的华为参考毛泽东同志曾经实践过的"农村包围城市战略"，通过开发竞争对手公司尚未开发的农村市场来提高自己的存在感。根据沈才彬教授的观点，华为首先在城市的周围扩大势力，然后通过"包围"城市来获得城市的份额。而且不仅在中国，在海外也通过相同的战略扩大市场份额，以确保销售额。华为在发展中国家取得成功之后，将业务扩展到了欧洲市场。

因此，"数字鸿沟的消除"对于华为来说正是五大因素当中的"天"。

今后，全球范围内开展的数字化转型将成为华为的"天"。关于未来的行业趋势，华为表示"智能新时代即将到来"，提出"效率化以及品质改善、产品的多样化、更加个性化的服务将为人们带来更加美好的生活"。这些表达虽然抽象，但是如果参照笔者对亚马逊以及阿里巴巴所做的分析，就不难想象华为具体描绘了一种怎样的世界观。

当然，笔者在这里想要强调的是，华为本身并不提供像亚马逊、阿里巴巴以及下一章将要提到的脸书和腾讯那样的服务。我们要审视随着全球数字化转型的发展，华为将如何利用自身技术为这一转型提供必要的基础设施和设备，以及这些技术是如何充分发挥作用的。

■ 华为的"地"

在华为的年度报告中，在谈到愿景、使命时认为"华为将继续强化对技术的投资，牢牢锁定焦点。明确理解自己应该做什么以及不该做什么"。华为非常明确"自己应该做的"就是"专注于ICT基础设施与智能设备"，具体参见图 2-7。

信息通信技术基础设施包括移动通信设备、为企业提供的信息通信技术解决方案以及作为重点领域的云服务等，而智能设备指的是智能手机等。也就是说，华为将自己定位为硬件制造商。这一点与正在努力收集大数据与个人信息并展开平台竞争的其他科技巨头截然不同。

开发公开可靠的云平台
· 全云信息通信技术基础设施
· 开放式混合云
通过架构促进产业的云化
· 提供公开可靠的混合云服务的理想商业伙伴

建立无处不在的连接性
·向更多的人、家庭、组织提供连接性
·向更多行业提供通用连接技术

**信息通信技术基础
设施架构智能设备**

通过宽带实现更好的体验
提供高品质视频体验的互联网与信息通信技术基础设施
· 通信企业的标准视频服务（4K 以及虚拟现实）
· 引领视频主导型行业的数字化转型

构建重视体验的设备生态系统
· 芯片、设备、云的协同作用
· 人工智能服务
· 所有情况下的卓越用户体验

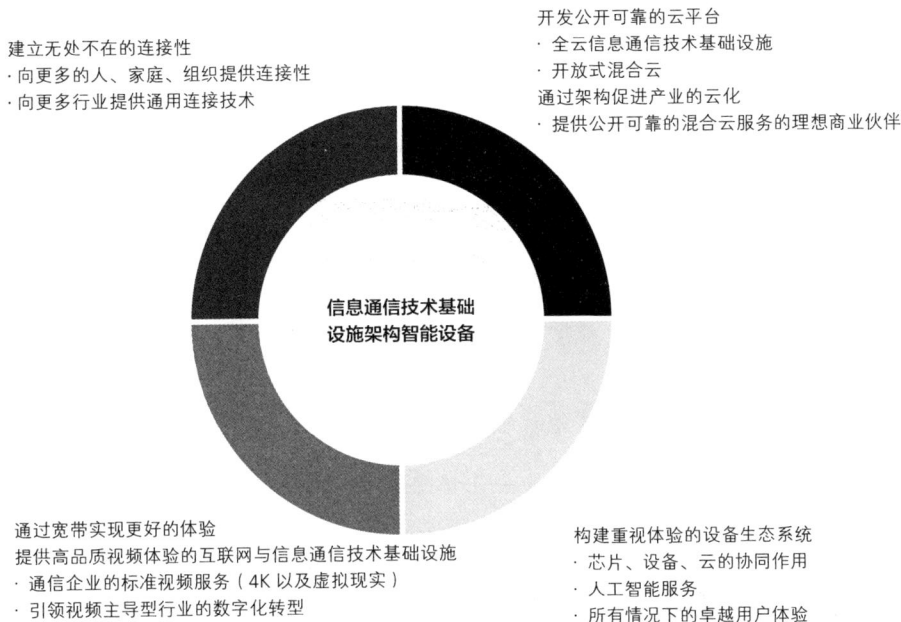

资料来源：华为 2017 年年报

图 2-7　华为的愿景、使命、战略

■ **华为的"将"**

分析华为的"将"需要了解其创始人任正非。虽然任正非已经退出一线，但许多人仍然认为华为是"任正非的公司"。华为作为一家企业，其存在形式深刻反映了任正非的理念。

让我们先来看看任正非为人所熟知的个人经历。任正非毕业于重庆建筑工程学院（现已并入重庆大学），毕业后就业于建筑工程单位。1974 年应征入伍，作为技术员隶属于基建工程兵。后来任正非转业到了国有企业。在那之后，由于在一个大型项目中失败，他在公司失去了立足之地，于是和 5 位同事共同创办了华为。任正非曾坦言："因为没有人愿意雇用我，所以才被迫创业。"

在世界因 IT 泡沫而动荡，华为成长为中国电子行业头号公司的 2001 年，任正非在公司杂志上发表了《华为的冬天》一文，为 IT 业敲响了警钟。他在文中写道：

十年来我天天思考的都是失败，对成功视而不见，也没有什么荣誉感、自豪感，有的只是危机感。也许是这样才存活了十年。我们大家要一起来想，怎样才能活下去，怎样才能存活得久一些。失败这一天是一定会到来的，大家要准备迎接，这是我从不动摇的看法，这是历史规律。

通过对以上事实以及任正非的言论进行解读，一个低调而坚毅的人物形象浮现出来：任正非是一个性情孤高的具有领导力的人。

■ 华为的"法"

华为的业务领域分为面向通信运营商的互联网业务、面向企业的信息通信技术解决方案业务、面向消费者的终端业务以及云业务 4 部分。

在面向通信运营商的互联网业务中，华为不仅致力于制造并出售移动通信设备等，还提供物联网以及云等解决方案，以及通过提供服务等实现价值主导型的互联网构建。

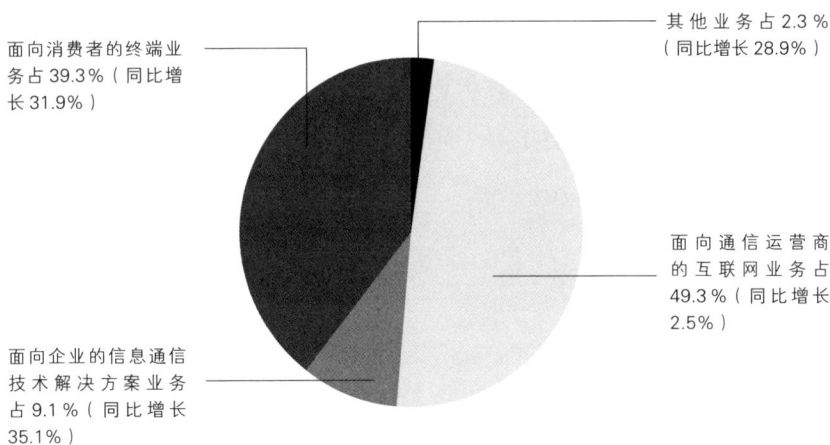

面向消费者的终端业
务占 39.3%（同比增
长 31.9%）

其 他 业 务 占 2.3 %
（同比增长 28.9%）

面向通信运营商
的 互 联 网 业 务 占
49.3%（同比增长
2.5%）

面向企业的信息通信
技术解决方案业务
占 9.1%（同比增长
35.1%）

资料来源：华为 2017 年年报

图 2-8　华为的销售额构成

面向企业的信息通信技术解决方案除了针对政府和公益事业之外，还面向金融、能源、交通、制造等所有行业的企业、团体，提供云、大数据、数据中心、物联网等领域的产品和解决方案。

面向消费者的终端业务，除了智能手机、平板电脑及笔记本电脑、便携设备外，华为也着手创建智能家居生态系统。通过提供类似于亚马逊 Alexa 的华为原创人工智能助手，帮助其他企业的产品、服务实现智能化。

云服务是 2017 年新成立的业务部门。虽然在此之前华为也涉及云服务，但是特意将云作为华为的核心业务领域之一，可以感受到华为在该领域大展身手的决心。

从 2017 年的销售额构成数据来看，华为的收益结构是这样的："面向通信运营商的互联网业务"为 49.3%，"面向消费者的终端业务"

为39.3％，"面向企业的信息通信技术解决方案业务"为9.1％，"其他业务"为2.3％。其中增长最快的是面向企业的信息通信技术解决方案业务，同比增长35.1％。面向消费者的终端业务的销售额也比上一年稳步增长了31.9％。

08 其他公司所不具备的三大特征

在把握华为整体印象的基础上，让我们再来看一看需要特别注意的地方。

■ 独特的员工持股制度

首先需要了解的是华为的股东组成。华为自成立以来一直没有上市。公司采用的是独特的员工持股制度，98%以上的股份归华为投资控股有限公司工会所有。通过该工会，员工当中约有 8 万人拥有华为的股份。创始人任正非不仅是个人股东，还通过工会进行投资，但所持股份只占总股本的 1.4%。

对于这一制度，华为解释说："我们将员工的贡献和成长与公司的长期发展有效统一起来，以促进华为的持续发展。"（参考 2017 年年报）的确，由于股东即员工，向股东返还利润会大大提高员工的工作积极性。

■ 轮值 CEO 制度

其次需要注意的是 2011 年导入的轮值 CEO 制度。华为有 3 位副总裁，他们轮流担任 CEO，任期为 6 个月。除了华为之外，笔者不知道还有哪家公司实行这样的轮值 CEO 制度。关于这一独特的制度，任正非在 2011 年的年度报告中谈道：

华为是一个以技术为中心的企业，除了知识与客户的认同，我们一无所有。由于技术的多变性、市场的波动性，华为采用了一个小团队来行使 CEO 职能。

任正非本人也有 CEO 头衔。笔者推测，轮值 CEO 进行日常业务决策，任正非则深入参与战略决策。顺便说一下，任正非在董事会上有一票否决权，对于某个方案，即便其他董事都同意，但如果任正非不同意的话，那么该方案就会被否决。只从股东构成和轮值 CEO 制度来看的话，任正非似乎已经退出一线，但实际上仍然把华为牢牢地控制在自己手中。

■《华为基本法》

最后一个特征是《华为基本法》。

1998 年，华为制定了包括 6 章 64 条在内的《华为基本法》，其构成如图 2-9 所示。

据悉，《华为基本法》是以"现代管理学之父"彼得·德鲁克（Peter Drucker）的理论为参考，同时融入了任正非的经营哲学。从中不仅

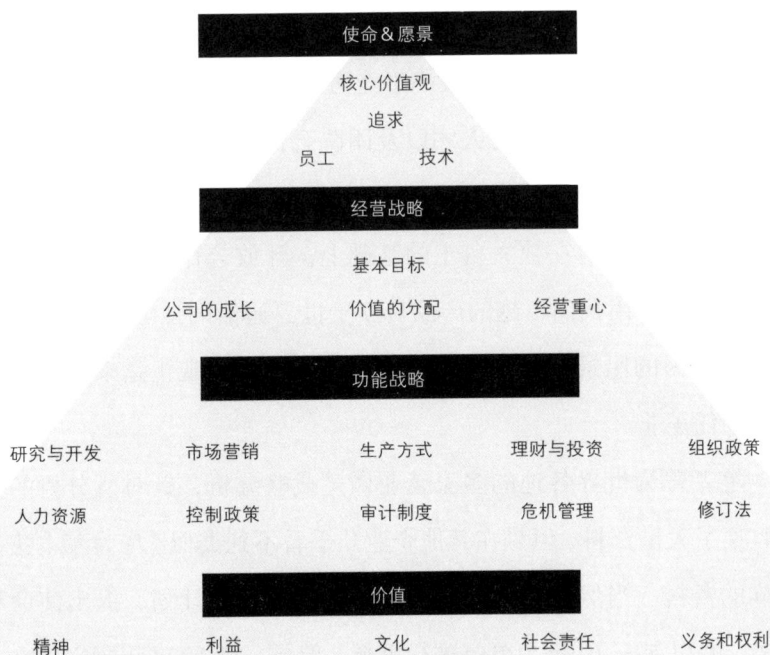

使命＆愿景

核心价值观

追求

员工　　　　技术

经营战略

基本目标

公司的成长　　　价值的分配　　　经营重心

功能战略

研究与开发　　市场营销　　　生产方式　　　理财与投资　　组织政策

人力资源　　　控制政策　　　审计制度　　　危机管理　　　修订法

价值

精神　　　　利益　　　　文化　　　社会责任　　义务和权利

图 2-9 《华为基本法》的结构

可以看到德鲁克带来的影响，还可以看到"现代营销之父"菲利普·科特勒（Philip Kotler）的营销理论的影响。它涵盖了欧美的企业战略和营销的关键，堪称一本内容完善的现代经营管理学教科书。

从使命、愿景、价值观到业务战略、职能战略，《华为基本法》都做出了明确的规定。这被认为是该公司企业组织力的源泉。

例如，第一条的"追求"明确规定："为了使华为成为世界一流的设备供应商，我们将永不进入信息服务业。"由此可以看出，该条文明确定义了公司的业务领域。第二条是关于员工的："认真负责和管理有效的员工是华为最大的财富。尊重知识、尊重个性、集体奋斗和不迁就有功的员工，是我们事业可持续成长的内在要求。"从中可以看到华为追求怎样的人才以及团队合作的方式。第三条是关于技术的："广泛吸收世界电子信息领域的最新研究成果，虚心向国内外优秀企业学习，在独立自主的基础上，开放合作地发展领先的核心技术体系，用我们卓越的产品自立于世界通信列强之林。"这一条展示了华为的愿景和价值观，而这种愿景和价值观正是来自工程师出身的任正非。

笔者曾为世界各地的多家企业做过战略分析，针对所分析的公司收集了大量资料，但是在其他企业几乎看不到类似《华为基本法》这样的资料。当然，许多公司都制定了中期业务计划，提出使命和愿景，并以5～10年为单位进行更新。但是，自1998年制定以来，《华为基本法》内容从未被修改，尽管如此其内容至今仍然不过时。令人惊讶的是，如此普通和重要的内容竟写得不多不少，毫无增删的必要。笔者认为这正是华为强大的秘诀所在。

09 科技巨头竞争中的立足点

根据平台业务的层状结构进行分析

任正非独特的管理方式令人惊讶，正如迄今为止我们所看到的，华为移动通信设备业务位居世界第一，智能手机销量与苹果争夺世界第二宝座。即使在科技巨头当中，其存在感仍不容小觑。然而，在与中美其他科技巨头围绕经济圈展开的整体竞争中，华为有意选择在有限的领域一较高下。

图2-10显示了8家科技巨头所开发的平台业务的大致层状结构。在这种结构中，华为在"通信以及通信平台"（移动通信设备）和"设备"（智能手机）上获得了很大的份额。由于华为生产安卓智能手机，因此它几乎不涉及操作系统以及软件、应用程序等层次。

然而，在平台和生态系统的霸权之争当中，操作系统以及软件、应用程序等部分将成为最重要的层次。例如，如前所述，苹果已经建立了一种商业模式，涉及智能手机中的操作系统、软件以及应用

商品 / 服务 / 内容
软件平台
硬件平台
操作系统
云平台
设备
通信以及通信平台
电力以及电力平台
社会系统

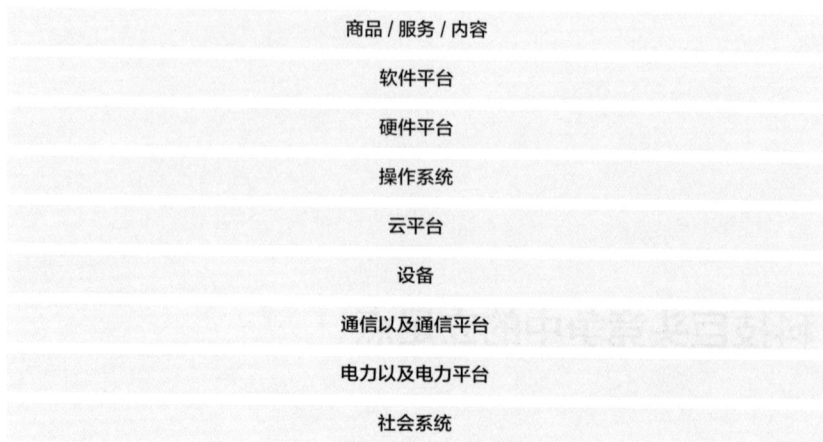

图 2-10　平台业务的层状结构

程序等层次，并通过硬件 iPhone 获取利益。虽然苹果的智能手机市场份额正在被华为吞食，但是苹果在智能手机业务中的收益结构要比华为稳固。

此外，如果不涉及操作系统、软件和应用程序等层次的话，将无法大量累积重要的大数据。如果将"大数据＋人工智能"看作未来业务生命线的话，那么无法在这一层次扎根的企业将无法夺取最终的优势地位。

为什么华为有意避开这些层次？华为的创始人之所以坚持作为通信基础设施的硬件制造商，可能是意识到了该角色的特殊作用。

■ 世代交替是关键？

华为在智能手机上不断扩大的市场份额原本就不该被低估。围绕着智能手机，制造商之间展开了激烈的竞争，并且始终将最新技术运用其中。而且为了保持吸引力，制造商必须提供卓越的用户体验和精致的用户界面，华为正是由于精于此道才建立了现在的地位。凭借自身的见识和影响力，华为完全有可能进军操作系统以及应用程序领域。

《华为基本法》规定的"为了使华为成为世界一流的设备供应商，我们将永不进入信息服务业"这一条文中的"信息服务业"具体指的是什么尚不明确，从这一条文以及到目前为止华为的业务发展来看，任正非似乎并不打算进军操作系统以及应用程序领域。

然而，以轮值 CEO 为代表的年轻阵营未必不愿进军操作系统和应用程序并掌握主导权。近年来，华为的表现令这一意图隐约可见。如果华为易主的话，那么已经在智能手机领域拥有相当份额的华为有可能正式迈出寻求主导权的一步。

10 中国风险与"华为危机"之后的世界

强烈的信息披露意向

在华为网站"网络安全"的页面[①]上刊登了以下文字：

网络安全并不是某个国家或公司的问题。目前，全球共有5700家供应商向华为提供零部件。华为70%的零部件采购于全球供应链，其中美国是最大的供应商，占32%。因此，网络安全问题应该是国家与业界全体在全球范围内解决的问题。

中国制造并不可怕。许多西方信息通信技术供应商都将大型研发中心设在中国。此外，在中国设有生产基地的供应商也不在少数。

约有六成的销售额来自海外市场。在世界170多个国家开展业务的华为，其销售额的约60%来自中国以外的市场。

---

① 来自日本网页，根据日语翻译而来。——编者注

100% 员工所有。华为是一家非上市公司，采用员工持股制度，截至 2015 年 12 月 31 日，华为的全部股权掌握在 79563 名员工手中。员工们很清楚一旦采取不当行为，就会损害自己的资产。

从以上文字当中，我们可以强烈地感受到华为的心声："华为不是为中国政府提供情报的公司，对于外界的这种质疑感到十分遗憾。"

然而这种信息披露并没有什么效果，美国等国家始终以警惕的目光关注着华为。2011 年，美国政府阻止华为收购拥有服务器技术的三叶公司。

此外，2012 年，美国众议院调查委员会发表了一份报告。声称华为与中国一家名为中兴通讯的大型通信设备公司对美国的安全保障造成了威胁。并且在 2014 年，美国已经采取措施禁止政府机构等使用华为产品。

2018 年，FBI、CIA、NSA 等美国秘密情报局官员表示应减少使用华为产品和服务，政府机构和官员甚至颁布了禁止使用华为和中兴通讯产品的国防权限法。这一举措在美国引起了广泛关注，除此之外，加拿大、澳大利亚、德国、英国等长期以来也对华为保持警惕。

"华为危机"的本质

在这样的背景下，2018 年 12 月爆发了"华为危机"。

如前所述，应美国当局要求，孟晚舟因被怀疑涉嫌非法金融交易遭加拿大当局逮捕。12 月 5 日逮捕消息一经公布，从 6 日起，美国股市的道琼斯工业平均指数连续下跌两个工作日，跌破 25000 美元。日经指数平均每小时跌破 600 日元，中国股市也受到了影响，"华为危机"导致全球股市同步下跌。

直到 2019 年 1 月，据《华尔街日报》报道，"联邦检察官可能会调查并起诉华为"，问题尚未得到解决。笔者认为这个问题将会演变成持久战。

■ 美国政府对华为的怀疑

具体来说，华为究竟有什么问题？ 2018 年 12 月 27 日《日本经济新闻》发表题为"华为技术日本株式会社（华为日本）致日本用户"的声明清楚地说明了这一点。

"最近有些报道中称'分解产品时发现不明组件''发现有恶意的软件''发现规范中没有说明的端口'等，并提到它们有被利用成后门的风险。"华为对此进行了否认，认为这些毫无事实根据。也就是说，美国怀疑华为通过产品非法收集信息，或者更直接一点，美国认为华为有可能对美国数据安全进行破坏。

笔者在执笔之际，重新阅读了几篇美国媒体近期发表的关于华为的论文和报道。

在针对华为的个别调查中，美国众议院委员会于 2012 年 10 月公布了关于华为和中兴的调查报告。虽然进行了详细的调查，但是事件进展仅仅停留在"华为方面没有明确否认，或者没有做出回应"的阶段。目前没有明确的证据表明该企业正在从事威胁美国数据安全的活动。此外，攻击服务器的手法日渐高明，早已没有必要采取诸如"向硬件添加额外的东西"等传统拙劣的手段。

■ 中美贸易摩擦的一环

在此显而易见的是,作为中美贸易摩擦的一个显著事例,美国将华为视为"眼中钉",关于中美贸易摩擦将在最后一章中进行叙述。美国的真正目的是阻止华为在美国及其盟国开展通信基地业务,特别是阻止 5G 占领市场,并阻止中国政府继续推动"中国制造2025"。

华为今后将何去何从?包括日本在内的美国的盟国已经明确了方针,将华为产品从政府相关的通信设备当中驱逐。在美国的强硬立场之下,双方的贸易恐怕会被重新定位。另一方面,华为使出全力,加快了在中国和大中华区的供应链建设。笔者认为,需要进一步关注"中国风险"的明朗化是否影响到了除 BATH 之外的其他中国科技巨头。

第三章

脸书 VS 腾讯

—— SNS 究竟是目的，还是手段？

Facebook × Tencent

本章的目的 ▸▸▸

　　本章将讨论以 SNS 为起点发展业务的脸书和腾讯两家企业。有趣的是，两者在发展以 SNS 为中心的业务时，采用的战略有很大差别。

　　脸书已经成为 SNS 的代名词，其商业模式为"提供人与人相互连接的平台，使更多的人聚集到平台上进行数据收集，并通过优化广告获利"。而中国科技巨头腾讯公司被称为"中国的脸书"，其业务领域非常广泛，具体包括游戏等数字内容、支付等金融服务、通过 AI 开展的无人驾驶和医疗服务、类似于亚马逊 AWS 的云服务以及与阿里巴巴直接竞争的"新零售"店铺的开展等。

　　为什么原本起点一致的两家公司，其业务领域截然不同？解读这一点的关键是五大因素当中的"道"。

　　本章将对脸书与腾讯两家公司的业务结构和现状进行分析，之后通过"5 因素法"分析两家企业的战略，并展望未来。

01 脸书的业务实态

难以把握的企业全貌

阅读本书的读者恐怕无人不知脸书或腾讯是什么。因此，这里不再赘述 SNS 是什么、脸书是什么以及 Messenger 是什么。

然而，即便用过脸书，恐怕也少有人了解脸书这家企业的全貌，知道它正开展怎样的业务。因此，本章首先要说明的是脸书在 SNS 中的定位以及脸书目前正在开展的五大基础服务。

■ 全世界 20 亿人使用的脸书与 Messenger

脸书被视为 SNS 的领头羊。截至 2018 年 12 月，拥有脸书账户并且每月至少登录一次的用户（MAU，Monthly Active User；以脸书和 Messenger 为统计对象）在全世界有 23.2 亿人，同比增长了 9%。

脸书对全球、北美、欧洲、亚洲和其他地区的 MAU 进行统计，分析其数量变化，可见，每个地区的数量都在增加（图 3-1）。

（百万人）**全球**

全球数据（百万人）：
1393, 1441, 1490, 1545, 1591, 1654, 1712, 1768, 1860, 1936, 2006, 2072, 2129

时间：2014年12月, 2015年3月, 2015年6月, 2015年9月, 2015年12月, 2016年3月, 2016年6月, 2016年9月, 2016年12月, 2017年3月, 2017年6月, 2017年9月, 2017年12月

（百万人）**北美**

北美数据（百万人）：
208, 210, 213, 217, 219, 222, 226, 229, 231, 234, 236, 239, 239

（百万人）**欧洲**

欧洲数据（百万人）：
301, 307, 311, 315, 323, 333, 338, 342, 349, 354, 360, 364, 370

（百万人）**亚洲**

亚洲数据（百万人）：
449, 471, 496, 522, 540, 566, 592, 629, 673, 716, 756, 794, 828

（百万人）**其他地区**

其他地区数据（百万人）：
436, 453, 471, 492, 509, 533, 556, 587, 606, 632, 654, 675, 692

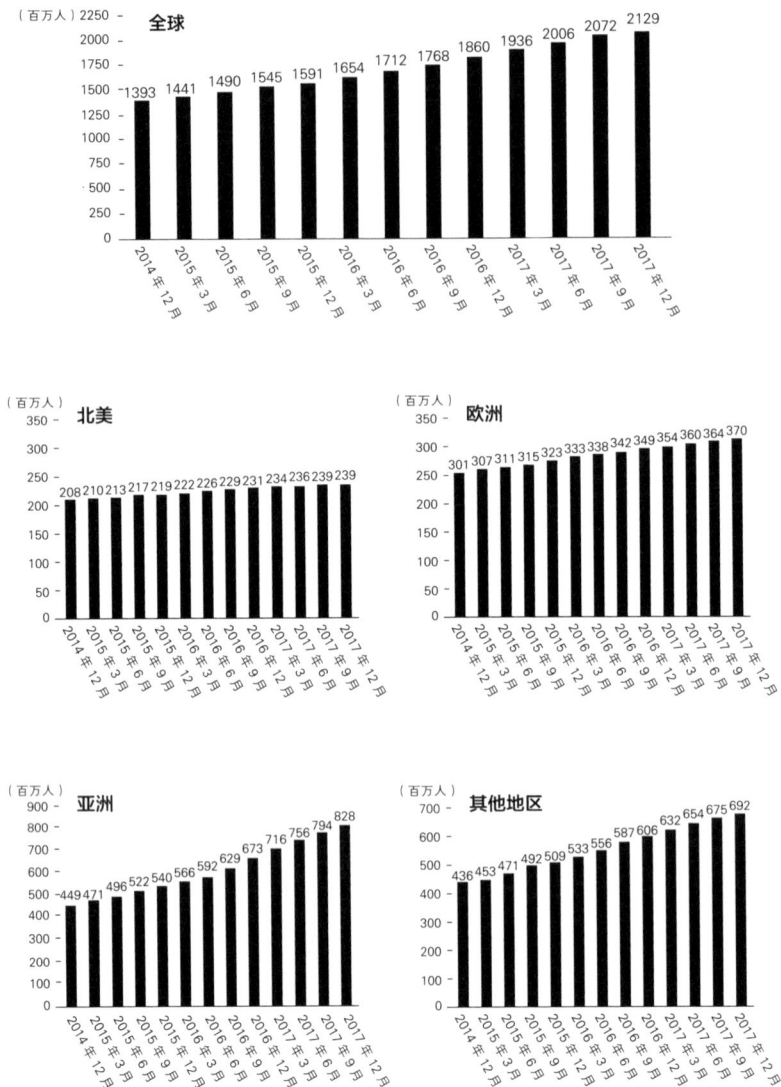

资料来源：脸书 2017 年年报

图 3-1　每月登录一次以上的用户（MAU）数量变化

图 3-2 是笔者根据 2017 年 9 月 17 日至 12 月 16 日的数据，将世界主要 SNS 的 MAU 制成的图表。在脸书的年度报告中，作为基础业务的 SNS，除了脸书、Messenger 之外，还包括照片墙 Ins、社交软件"瓦次艾普"（WhatsApp）。观察该图就会发现，这些 SNS 都拥有数量庞大的 MAU，其中，脸书的 SNS 服务群拥有世界上数量最多的用户。

■ 五大基础服务——2 个 SNS 和 2 个消息应用程序，再加上 VR

除了脸书之外，脸书公司的基础业务还包括照片墙 Ins、消息应用程序的 Messenger、瓦次艾普、Oculus。

关于 Ins，没必要再在此解释其结构和功能。脸书于 2012 年以 10 亿美元的价格将其收购。当时，SNS 已经通过以照片为中心的独特路线收获了大量人气，随后人气进一步提升。Ins 在日本的存在感也不容小觑，能拍到"适合上传到 Ins"照片的场所、产品和服务在年轻人当中非常受欢迎。

瓦次艾普在日本并不广为人知，2014 年脸书共投入 218 亿美元用于收购瓦次艾普。当时，瓦次艾普以不获取个人信息（如姓名、地址、电子邮件地址）和不显示广告的商业模式受到了广大用户的欢迎。据说在收购时，瓦次艾普的 MAU 就超过了 6 亿人。也就是说，除了自己公司的消息应用程序 Messenger 之外，脸书还拥有一个名为瓦次艾普的强大消息应用程序。

根据总部位于英国的社交媒体营销企业 We Are Social 公司的报告 *Digital in 2018*，除了日本、北美、澳大利亚、中国，瓦次艾

（百万人）

脸书 ████████████████████████ 2072
瓦次艾普 ████████████ 1300
Messenger ███████████ 1200
微信 ██████████ 980
Ins █████████ 800
QQ 空间 ██████ 568
微博 ████ 361
推特 ████ 330
滨趣 ██ 200
色拉布 178 [注]
VK（俄罗斯的 SNS）█ 95

运营商
██ 脸书
▨ 腾讯
▧ 其他

注：只有此处为每天登录一次以上的用户数。
资料来源：Statista 调查，2018 年 1 月 26 日

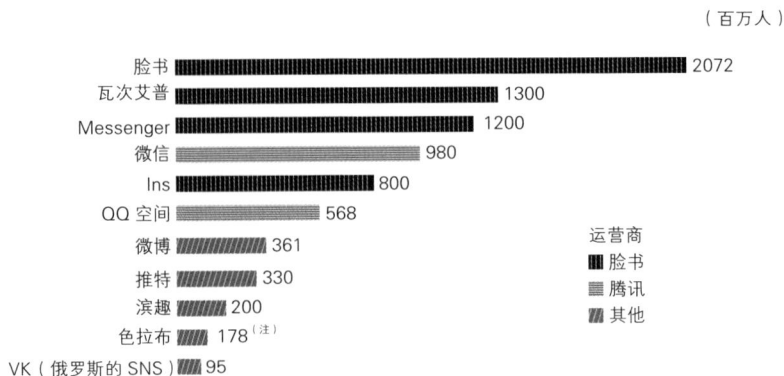

图 3-2　世界主要 SNS 的 MAU 数量（2017 年 9 月 17 日至 12 月 16 日）

普在世界各国都拥有市场份额，被广泛使用。在日本，LINE 占有最大的市场份额，而在北美、澳大利亚等地，脸书则占据主导地位。在中国，由腾讯提供的微信服务占有绝大部分市场份额。

Oculus 是脸书于 2014 年以 20 亿美元收购的公司，凭借 VR 和 AR 技术的优势，开发、制造并出售 VR 头显（头戴式显示设备）。该公司以"提供现实中无法获得的虚构体验"为使命。

慎重起见，在此对 VR 进行补充说明。VR 是一种利用头显将人对外界的视觉、听觉封闭，引导用户产生一种身在虚拟环境中的感觉的技术。凭借先进的 VR 技术，人类大脑可以将屏幕上显示的内容误认为实际存在于眼前。如果 VR 进一步发展的话，有可能为人们提供可摆脱场所和交通限制的各种体验。

而 AR 则是一种将信息添加到现实世界可视物中的技术。例如戴上专用眼镜后，就会在眼前的风景上看到叠加的文字信息，或者

看到 3D 角色。通过智能手机的相机，在智能手机屏幕上看到出现在风景中的卡通形象也是通过 AR 技术实现的。在现象级的智能手机游戏《神奇宝贝 GO》中，怪兽会出现在现实街景中，这在当时可以说是 AR 技术的革命性应用了。

脸书收购 Oculus 的目的是什么？长期负责脸书营销工作的麦可·霍伊弗林格（Mike Hoefflinger）在著作《成为脸书》（*Becoming Facebook: The 10 Challenges That Defined the Company That's Disrupting the World*）中列举了具体的例子来说明 VR 未来发展的各种可能性。

可以 3D 体验朋友在意大利旅行时拍摄的全景视频。

可以模拟在赛场观看 NBA 比赛。

即使住在地球另一面的一个小镇上，也可以坐在教室的最前排聆听著名大学教授的讲座。

不是观看电影，而是进入电影中的世界。

即使没有实际参观，也能感受到难民营中的情况，并获得触目惊心的体验。

可以和数千英里之外的人交谈和工作，就好像对方与自己同处一个房间。

当然，这样的情景无法马上实现。VR 技术仍在发展中，头显等设备的普及也需要一段时间。2019 年 1 月，国际消费类电子产品展览会（CES，International Consumer Electronics Show）在美国拉斯维加斯举行，该展会预计，2019 年配备 VR/AR 设备的出货量将减少 3%

左右，而真正的普及则在 2 年以后。

然而，随着 VR 开始普及，人们的交流方式将发生巨大变化。根据麦可·霍伊弗林格的说法，在收购 Oculus 之际，脸书联合创始人、首席执行官马克·扎克伯格就曾说过，"我们相信这种身临其境的 AR 技术将成为数十亿人日常生活的一部分"。

此外，作为活用 Oculus 技术的服务，Facebook Spaces 已于 2017 年发布。该服务是一款 VR 应用程序，可以与朋友一起在虚拟空间中使用，并最多可邀请 3 位脸书好友通过 VR 设备进行互动。

致力于成为营销平台的压倒性存在

脸书致力于不断推出新的服务。例如，2018 年实现了全景照片的拍摄与上传，并开始提供视频服务 Facebook Watch。特别是近年来，扎克伯格认为视频服务是大势所趋，因此大力加强视频相关服务。

然而，即便了解了每项服务的细节，也很难把握脸书的全貌。那么脸书究竟是一家怎样的企业？

用一句话来概括的话，那就是——脸书是一家"提供人与人相互联系的平台，使更多的人聚集到平台上进行数据收集，并通过优化广告获利"的企业。在脸书、Messenger 和 Ins 上开发的视频、AR/VR 服务都可以将人们联系起来，并通过收集庞大的个人数据，使广告有效性的提升成为可能，最终确立脸书作为营销平台的压倒性地位。

从我们平时使用的脸书或 Messenger 的页面上，几乎感受不到脸书作为营销平台的一面，最多只会看到广告而已。

然而，只需登录 Facebook Business，就能真正了解脸书是一家怎样的企业。该网站面向希望通过脸书开展营销的企业或个人，详细介绍了如何用脸书提供的服务来提高用户对于自己产品、服务等的认知度，刺激需求并提高销售额。除了可即刻使用之外，该网站还提供各类行业从中小型企业发展到大型企业的成功案例。

在日本从事软件开发的 Cybozu 公司，为了提高数据库型业务云应用程序 Kintone 的试用率，利用脸书广告发起了一项促销活动，成功将用户数增加为上一年的 2 倍。日本连锁餐厅 Mos Burger 以年轻消费者为对象，利用脸书和 Ins 的视频广告成功地将销售数量提升到广告播出前的 1.3 倍。在 Facebook Business 上，用户可了解到各种各样的案例。

顺便说一句，脸书的优势还在于可以通过脸书以外的媒体发布广告。通过脸书一项名为 Audience Network 的服务，也可以在与脸书有合作关系的应用程序上发布广告。这些广告当然也是根据脸书用户的数据优化过的。

了解了这些情况，企业或个人在进行营销时必然无法忽视脸书的存在。

02　脸书的五大因素

通过"道""天""地""将""法"来进行战略分析

在了解脸书的概况之后，让我们再来看一看该企业的"道""天""地""将""法"这五大因素，具体见图3-3。

■ 脸书的"道"

2017年6月23日，马克·扎克伯格发布了最新版的脸书使命宣言。在调整之后，脸书的使命从"赋予人分享的权力，让世界更开放更互联"更改为"赋予人创建社区的权力，让世界融为一体"。

关于这一调整，马克·扎克伯格认为："在过去的十年多时间中，我们一直致力于让世界更开放、更互联。我曾经认为，如果我们让人们能够发出声音，并帮助一些人接入互联网，这将让世界本身变得好许多。环顾四周，我们的社区仍然如此分化。我们有责任做更多的工作，不仅仅是为了连接世界，而是为了让世界融为

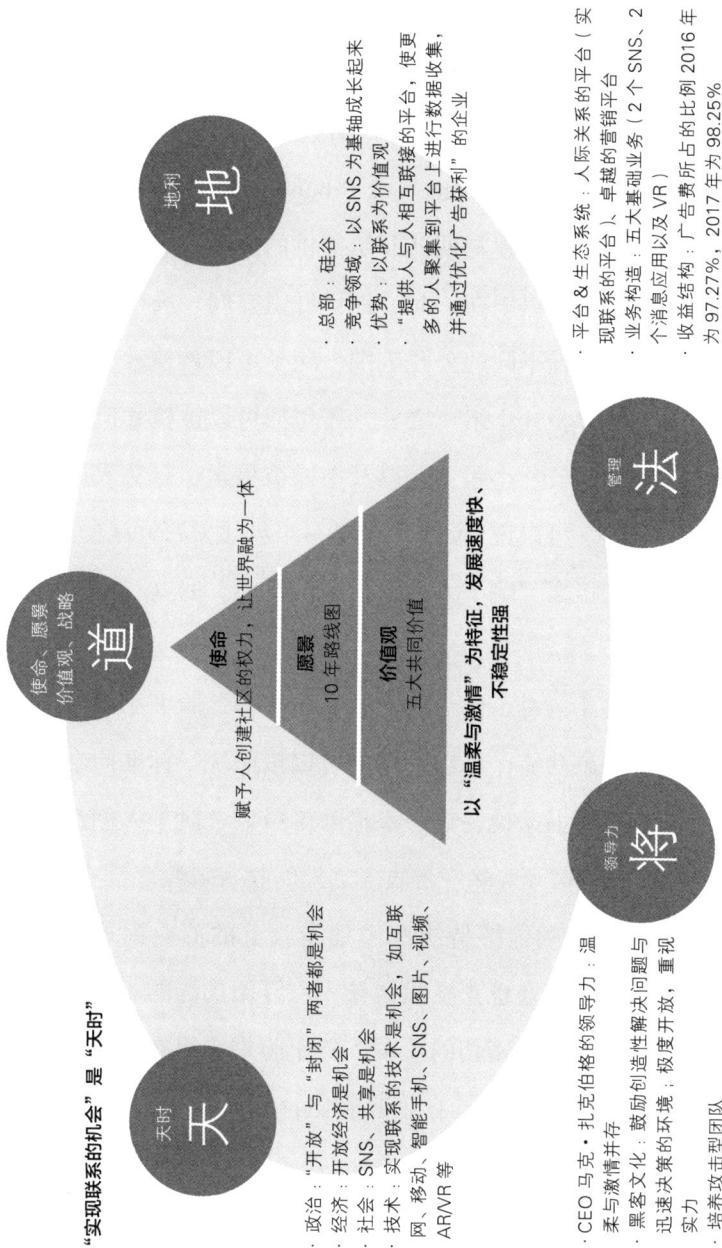

"实现联系的机会" 是 "天时"

天（天时）
- 政治："开放" 与 "封闭" 两者都是机会
- 经济：开放经济是机会
- 社会：SNS、共享是机会
- 技术：实现联系的技术是机会，如互联网、移动、智能手机、SNS、图片、视频、AR/VR等

地（地利）
- 总部：硅谷
- 竞争领域：以 SNS 为基轴成长起来
- 优势：以联系为价值观
- "提供人与人相互联接的平台，更多的人聚集到平台上进行数据收集，并通过优化广告获利" 的企业

道（使命、愿景、价值观、战略）
- 使命 赋予人创建社区的权力，让世界融为一体
- 愿景 10 年路线图
- 价值观 五大共同价值
- 以 "温柔与激情" 为特征，发展速度快，不稳定性强

将（领导力）
- CEO 马克·扎克伯格的领导力：温柔与激情并存
- 黑客文化：鼓励创造性解决问题与迅速决策的环境；极度开放、重视实力
- 培养攻击型团队

法（管理）
- 平台＆生态系统：人际关系的平台（实现联系的平台）
- 业务构造：五大基础业务（2个 SNS、2个消息应用以及VR）
- 收益结构：广告费所占的比例2016年为97.27%，2017年为98.25%

图 3-3 用 "5 因素法" 分析脸书的大战略

一体。"

从"让世界融为一体"这句话中可以看出扎克伯格强化社区建设的意志更甚以往，并且脸书采取的"让世界融为一体"的具体措施也正强化了"脸书小组"（Facebook Group）的功能。

脸书小组是脸书从创建初期就开始提供的服务，将有着共同兴趣爱好或者任务的用户组织在一起，提供群组空间，进行信息共享和交流。小组可以设置不同的公开范围，除了可以被检索、任何人都可以阅读帖子的"公开小组"之外，还包括可以被检索但非成员不能阅读帖子的"非公开小组"，以及不能被检索、只对成员公开帖子的"秘密小组"。可以说，脸书小组是一个创建紧密社区的工具，因此，毫无疑问它将在"赋予人创建社区的权力"的这一使命中发挥重要作用。

此外，值得关注的是，作为功能强化的一环，脸书小组正在推出订阅功能。根据该功能，小组管理员可以按照统一标准向会员提供付费内容。对于脸书来说，这一举措除了可以"赋予人创建社区的权力"之外，还可以开辟除广告收入之外的收入来源。

近年来，作为一种能够持续产生稳定收益的商业模式，订阅功能备受关注，各行各业也正在积极导入。订阅功能的本质在于服务提供商与用户之间形成密切的关系。鉴于脸书小组在全世界拥有10亿用户，订阅功能的导入具有非常重要的意义。

■ 脸书的"天"

从脸书的使命来看，可以认为"赋予人创建社区的权力，让世界融为一体"的机会就是所谓的"天"。互联网、智能手机等移动设备自不必说，360 度视频以及 AR / VR 等技术的发展也可以说是脸书的"天"。

另外，对于脸书来说，"封闭的大国与开放的科技巨头"的构想也被认为是"天"。

经济学家水野和夫在《走向封闭的帝国与开放的 21 世纪经济》中写道："反对全球化的浪潮正在发达国家迅速蔓延。英国人民选择退出欧盟，而在美国，特朗普总统呼吁驱逐非法移民并提高外国商品的关税，所有人都已经清楚地感受到这种浪潮。""这一举措对于世界来说，无异于选择了'封闭'。"另一方面，谷歌、亚马逊和脸书等跨国企业超越了国家、行业的界限，超越了网络与现实的界限将人们联系到了一起。通过将世界变得更加"开放"，这些企业在某些方面的影响力甚至超过了国家。

对于脸书来说，"不断开放的科技巨头"的发展趋势必然会促进业务的发展，同时"走向封闭的大国"趋势也可以说是一个商机。据说，在 2016 年的美国总统大选中，假新闻在脸书上的传播助推了特朗普就任总统。也就是说，像脸书这样庞大的 SNS，即使在封闭的社区中也可以起到加强联系的作用，并可以增强其存在感。

也可以这样认为，将世界的"开放"与"封闭"这两种不同的趋势都是商机，是脸书的一个巨大优势。

■ 脸书的"地"

脸书的业务领域同样是以 SNS 为基础的。人与人之间的联系正是脸书所提供的价值，也是脸书深得人心之处。作为构建和加强人与人之间联系的工具，脸书提供从文本到照片、视频甚至 AR / VR 等符合时代潮流的功能，同时不断增强其营销能力。

图 3-4 反映了脸书在 2017 年 9 月公布的未来 10 年发展路线图，并对其中的重要因素进行了总结。

从这一发展路线图来看，该企业将在 3 年内通过脸书、Ins 建立一个稳定的生态系统，并在未来 5 年内强化 Messenger 和瓦次艾普这两个消息应用程序以及脸书小组、视频等。之后，脸书将致力于通过更快的 Wi-Fi 和无人机来实现联系的强化、人工智能以及 VR / AR 的活用等。

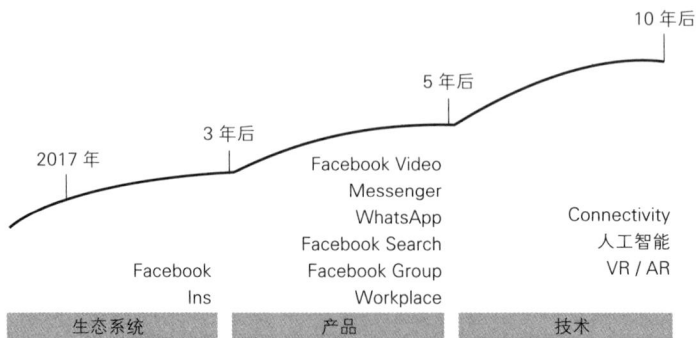

注：该图为笔者根据开发者大会（2017 年 4 月 19 日）上脸书首席技术官迈克·斯科罗普夫（Mike Schroepfer）的演讲资料绘制。

图 3-4　脸书 10 年发展路线图

■ 脸书的"将"

脸书的"将"把创始人马克·扎克伯格的性格展现得淋漓尽致。扎克伯格的牙医父亲教给了他编程的基础知识。他在孩提时代就创建了一个用来发送并接收消息的程序 Zacnet，可以将 6 个家庭成员联系起来。他还试图将家中的电脑和父亲牙科诊所的电脑连接到一起。可以看出，扎克伯格从那时起就发现了"人与人之间的联系"的价值。

就读哈佛大学期间，扎克伯格首先创建了一个名为"课程匹配"的校园社区网络服务。接着，他又创建了一项便于美术史课的同学分享笔记的网络服务，让所在的班级在考试中获得了历史上的最高分。这样的经历足以使他认识到利用技术来加强人与人之间联系的重要性。

而后，扎克伯格又开发了一项名为 Face Mash 的服务。但是，这项服务存在许多问题。为了开发这一服务，扎克伯格入侵了大学宿舍的本地网络和互联网，并未经许可下载了学生的照片。扎克伯格因此受到了大学的思过处分，不得不向校园的女生团体道歉。麦可·霍伊弗林格在他的书中这样评价这项服务："在网站编程和社交功能两方面都出现了良知、版权和个人隐私的问题。""然而，从这次失败当中，扎克伯格意识到，必须以用户隐私和数据的共享管理功能为核心。如果没有这次事件，2004 年 2 月，Facebook.com 也许就不会以当时的形式诞生了。"

该书还提到了扎克伯格的领导力。"扎克伯格对于企业使命的实现比任何人都充满热情，这种热情不是靠语言，而是以实际行动的方式向周围传播。"并进一步说明,"无论是在企业内外,他都是通过自己的行动来表达愿景。从 Zacnet 的开发到 Facebook.com 的创建,在其他人等待观望的时候,扎克伯格自己首先行动起来"。脸书公司的海报上写着:"如果没有了恐惧,你会怎么做?"这句话想要表达什么,扎克伯格用实际行动作出回答。

笔者认为值得关注的是扎克伯格的一言一行充满了激情,当这种激情发挥积极作用的时候,促进了脸书的快速成长,而当个人信息的保护遭到质疑时,扎克伯格表现出的轻慢态度也让他备受指责。他的这种缺乏冷静的应对态度,也是造成脸书声誉大跌的重要因素。

■ 脸书的"法"

脸书的"法"可以总结为"构建人与人之间联系的平台,通过广告获利"的商业模式。

如上所述,对于一般用户来说,脸书就是每天登录的 SNS,而对于企业和团体来说,脸书却发挥了营销平台的作用。脸书的营业额中,广告费所占的比例在 2016 年为 97.27%,在 2017 年为 98.25%。未来,订阅功能可能会成为脸书的收入支柱之一,因此,可以将脸书暂时理解为几乎完全靠广告收入来支撑的公司。

目前为止,我们已经了解了脸书是一家从事何种业务的企业,并分析了脸书的五大因素。在把握整体印象的基础上,让我们来看一下需要个别关注的细节。

03 标榜"黑客方式"的理由

企业家胆识的具体体现

脸书网站声称自己的企业文化是"黑客文化",这意味着鼓励以创造性的方式解决问题以及创建迅速决策的环境。

"黑客"(Hacker)一词一般是贬义的。许多人对于"黑客"的印象就是掌握高科技并且恶意使用技术入侵系统或网络的人。但脸书却执意频繁使用"黑客"一词。位于硅谷的脸书总部所在地被称为"1 Hacker Way",员工喜爱的自助餐厅附近的大型广场被命名为"Hacker Square",地面上写着大大的"HACK"字样。广场对面的办公大楼上甚至打出了"The Hacker Company"的招牌。

脸书于2012年上市时,提交给美国证券交易委员会的申请文件当中附带了扎克伯格写的一封信。信中也郑重地提到了"黑客方式"。内容有些长,这里只引用相关部分。

作为建设强大公司的一部分，我们尽量使脸书公司成为最适宜人们工作的地方，尽可能地在世界上产生影响力，并向优秀人才学习。我们已经形成了独特的文化和管理风格，称之为"黑客方式"。

在媒体的报道中，"黑客"一词具有贬义，用来形容那些攻击电脑的人们。事实上，"黑"的意思仅仅是迅速开发或测试能力范围。与其他词一样，这个词既可用作褒义，也可以用作贬义，但我所见过的大多数"黑客"都是务实的人，他们想要对世界产生影响。

"黑客方式"就是一种以不断改进和反复尝试为基础的发展方式。"黑客"认为，事物可以不断改进，没有什么事情是终结的。

"黑客"找到正确道路的方法是迅速落实，然后从小规模反复中学习，以长远的眼光努力打造最好的服务。为了支持这一点，我们建立了一个测试框架，任何时间都可以对脸书的不同版本进行测试。我们墙上写着"行动胜于完美"，激励自己不断前进。

"黑客"天生具有主动出手和积极活跃的特点。他们不会花几天时间来讨论一个新想法是否可行，或者哪个是最好的方法，他们会推出原型产品进行测试，看它是否有效。在脸书办公室经常可以听到的"黑客信条"是——"编码胜于争论"。

"黑客文化"还非常开放和精英化。"黑客"坚信，保持胜出的总是拥有最好的想法和执行力的人，而不是善于游说某个观点或者管理着大多数人的人。

——2012 年 2 月 2 日脸书上市之际，扎克伯格致股东的信

从这封信中可以强烈感受到扎克伯格对"黑客方式"的推崇。当然，在获得作为 SNS 之首的压倒性地位的过程中，有必要像黑客一样反应迅速并不断开发新的服务。笔者认为"行动胜于完美""编码胜于争论"等口号直接表明了脸书的优势。

然而，同样作为美国的科技巨头，大家能想象谷歌和苹果提倡"黑客方式"吗？答案显然是否定的。尽管"黑客"一词带有贬义，但堂堂正正地打出这一极具冲击力的口号充分体现了扎克伯格作为企业家的胆识以及脸书的价值观。

04 作为媒体的脸书

左右了美国总统大选的结果?

关于脸书，不光是作为 SNS，还有必要理解其作为媒体的强大存在感。

2017 年 2 月，笔者有幸与选举营销团体 American Majority 的主席内德·赖恩（Ned Ryan）直接对话。据说赖恩除了担任乔治·布什总统的演讲撰稿人之外，为特朗普在 2016 年总统大选中获胜做出了重大贡献。

赖恩在政治营销中强调的是"人们在线上生活"以及"如何将线上与线下联系起来并将其转变为支持率"。作为根据，他列举了以下数据：

美国人平均每天上网 85 次，上网时间为 5 小时。

64% 的美国人使用智能手机，较 2012 年的 35% 有了大幅度提升。

社交媒体的主要平台是脸书，80%的美国人都在使用。

65岁及以上的美国人中有62%使用脸书，较2015年的48%有了大幅度提升。

88%的社交媒体用户是注册选民。

社交媒体上集满30个评论就足以引起议员的关注。

虽然数据有些陈旧，但在现在看来依然很震撼。在美国，脸书作为媒体具有非常强大的影响力。

还有其他数据展现了脸书作为媒体的影响力。根据美国智囊团Pew Research于2017年1月对上一次总统选举期间选民观看的媒体所进行的调查，第一名是福克斯（19%），第二名是CNN（13%），脸书（8%）排名第三。这些数字表明，脸书的影响力压倒了主流媒体，位居前列。

此外，赖恩是一位政治营销大师，他的一个不容忽视的观点是"在获得选民方面，社交媒体比主流媒体更重要"。

赖恩对于消费者营销的理论和实践也非常熟悉，曾经指出："选民通过社交媒体在好友评论的影响下进行选举活动，这种影响甚至超过了消费者在消费者营销中所受到的来自社交媒体的影响。"也就是说，一旦自己的脸书好友或者关注的人对某一报道做出积极评价并将其分享的话，就会带动我们积极阅读这一报道，并在它的影响下进行选举活动。

于是，在2016年总统大选之后，脸书上谣传俄罗斯介入了本次大选。该新闻经过分享影响了选举结果，这一事件使得脸书备受批判。

扎克伯格解释说，"认为它以某种方式影响到了选举是一种非常愚蠢的想法"，并且抗议道"脸书不是媒体"。

然而，考虑到现实当中脸书作为媒介的影响力，恐怕许多人都无法接受这种说法。实际上，从那之后脸书遭到了更加激烈的批判。

05 个人信息泄露问题接连不断，如何应对？

从"互联时代"到"数据时代"的对策

脸书需要密切关注因个人信息泄露而造成的影响。

2018 年 3 月，有人质疑特朗普选举胜出使用了非法从脸书获取的个人信息。具体来说就是，选举咨询公司——剑桥分析公司——非法获取了英国剑桥大学的研究人员通过脸书上的性格测试所获取的个人信息，并通过脸书操纵用户心理。因此，扎克伯格被要求参加了公开听证会，并接受了议员们长达 5 个小时的质询。

同年 9 月，3000 万脸书用户的个人信息遭泄露。12 月，智能手机内的照片泄露给了外部应用程序开发公司，多达 680 万人受到影响。更重要的是，脸书与苹果、亚马逊和微软等约 150 家企业共享用户，这些企业可以访问联系人并查看用户消息等，这一事件被大肆报道并引发了一连串的影响。脸书之所以接二连三地出现问题，笔者认为原因在于扎克伯格的思虑不周，以及他的"激情"已经以消极的方式表现出来。

脸书在获取庞大的个人信息的基础上实现了高度营销，并在广告业务中获得了巨额利润。然而，目前尚不清楚这种模式会持续到何时。人们对于脸书垄断数据的担忧日益加剧，各国也纷纷讨论应该对脸书采取何种形式的监管。

笔者在 2019 年国际消费类电子产品展览会中也强烈感受到了各国对个人隐私问题的担忧增加。CES 将 2010 年至 2019 年这 10 年称为"互联时代"，并指出以脸书为代表的 SNS 极大地促进了人与人之间的联系。而从 2020 年至 2029 年这 10 年则被称为"数据时代"，人们可从所有事物当中获取数据。虽然笔者认为没有必要在这里再次强调数据的重要性，但是许多与会者纷纷指出对个人隐私问题的担忧。这是 2018 年没有出现的情况。在个人隐私方面，比起欧洲开发的"通用数据保护规则"（GDPR），更多人提到了脸书存在的个人信息盗用问题，这使笔者深切地感受到了脸书问题对整个美国技术行业所产生的巨大影响。这个问题在"黑客文化"的背景中无法解决。为了从根本上消灭这一反复出现的问题，恢复顾客与社会的信心，甚至有必要对脸书的企业 DNA 进行重组。

此外，2019 年 3 月 6 日，扎克伯格在自己的脸书页面上发表长篇文章，题为"聚焦隐私的社交网络愿景"，宣告了脸书从开放平台（Open Platform）到信使平台（Messenger Platform）的转变。正如腾讯和 LINE 一样，信使平台同样重视同伴之间的交流。文章当中也明确了对于私人互动以及安全性的重视等新平台构建的原则，表明脸书已经对这些问题进行了反思，准备接受短期内业务收缩和收益减少等可能出现的后果。笔者认为脸书试图通过此举"置之死地而后生"。在第二章分析苹果公司时也强调过，预计这种做法将进一步加强美国和其他国家对个人隐私问题的关注，甚至连日本企业都必须迅速作出回应。

06 腾讯的业务实态

科技的综合百货商店

接下来要讨论的是在中国与阿里巴巴争夺最大市值宝座的巨型企业腾讯。腾讯通过SNS实现了快速成长，被称为"中国的脸书"。

然而，关于腾讯，了解得越多就越能将其与脸书区分开来。脸书开展的业务是通过SNS打造坚实的基础并通过广告获得利润，而腾讯的业务领域虽然也以SNS为起点，但非常广泛，例如游戏等数字内容的提供、支付等金融服务，通过人工智能开展的无人驾驶和医疗服务，类似于亚马逊AWS的云服务以及与阿里巴巴直接竞争的"新零售"门店的开展等。

如果用一句话来概括腾讯是一家怎样的公司的话，可以说是科技的综合百货商店。

■ 拥有 10 亿人以上 MAU 的 QQ、微信和 QQ 空间

腾讯的业务核心是 QQ、微信和 QQ 空间等服务。腾讯将其定位为"沟通与社交"。QQ 是一种主要用于个人计算机（PC）的邮件式服务，微信是一种移动消息应用程序。可以认为，微信相当于脸书的 Messenger 或者瓦次艾普。QQ 空间则是一个可以写博客或分享照片的 SNS，相当于脸书。

截至 2018 年 6 月底，腾讯公布了 MAU 的数量。其中，QQ 约为 15 亿人，微信约为 10 亿人，QQ 空间约为 11 亿人。即使存在大量的重复用户，也可以看出腾讯的用户数量直逼 MAU 超过 20 亿人的脸书。

另外，脸书已将其用户扩展到全世界，而腾讯的 SNS 用户主要在中国。由于中国拥有大约 14 亿人口，微信的用户数量多达 10 亿，这一数字表明腾讯的移动通信服务已经广泛渗透到了整个中国社会。

■ 利用 SNS 开发游戏和支付服务

作为中国国内的通信基础设施企业，腾讯通过 SNS 不断扩大业务范围。

图 3-5 源于腾讯在 2018 年第三季度公布的 IR 资料。该图所示的是以微信、QQ、QQ 空间为代表的"沟通与社交"齿轮为中心，在线游戏、媒体、金融科技、效用 4 个齿轮的联动。也就是说，腾讯为用户提供包括游戏、视频、新闻、音乐、文学等内容以及应用商店在内的服务。

腾讯向用户收取的部分服务费用，统称为 VAS（Value Added

在线游戏平台：
· 中国的 PC 和智能手机
· 在全世界获得收入的在
  线游戏公司

视频：订阅功能（付费订阅）
新闻：针对每个 MAU 的新服务
      组合
音乐：音乐服务平台
书籍：在线图书馆以及出版平台

在线游戏

媒体

沟通&社交

金融科技 —— 移动支付

微信：
· 智能手机的社区
· MAU 的数量为 10.82 亿人
QQ & QQ 空间：
· QQ 智能设备的 MAU 数量为
  6.98 亿人
· QQ 空间智能设备的 MAU 数
  量为 5.31 亿人

效用 —— 移动、安全

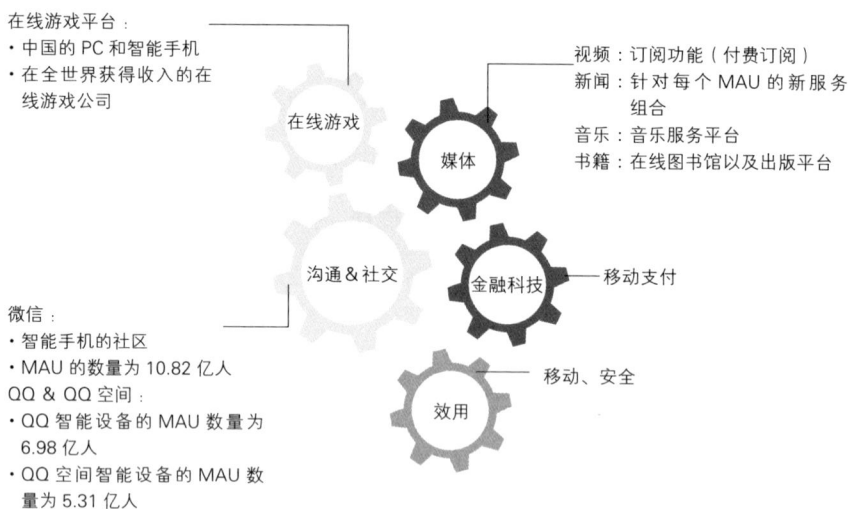

资料来源：腾讯 2018 年第三季度业绩报告（2018 年 11 月 14 日）

图 3-5　腾讯是一家沟通与平台型企业，关键在于平台的更新

Service，意为增值服务）。而且，腾讯65%的销售额实际上正来自
VAS。

在腾讯的业务中，存在感尤为突出的是面向PC和智能手机的
在线游戏。对腾讯非常熟悉的读者，可能会认为它是一家"通过在
线游戏成长起来的公司"。

特别是2015年腾讯推出的原创游戏《王者荣耀》，下载量超过
1亿，成为一款现象级游戏。2017年《人民日报》曾多次刊文评论《王
者荣耀》，呼吁"别让游戏成为生活的全部"，引起社会广泛关注。
于是，腾讯被迫限制未成年用户的使用。当然，游戏也收取费用。
游戏用户通过购买可在游戏中使用的装备以及图标等，享受购物的乐趣，同时也使得该企业的 VAS 销量大增。

此外，正在努力赶超阿里巴巴支付宝的微信支付也是腾讯业务中惹人注目的存在。微信支付可以用于各种场合，例如通过扫描二维码实现店内支付以及个人间的汇款，此外还可用于电子商务支付等。

有报告指出，中国国内移动支付的市场份额由支付宝和微信支付瓜分。腾讯推出微信支付的时候，支付宝已相当普及，腾讯之所以能够迅速赶超支付宝，得益于微信应用程序中"钱包"的即时支付功能。毕竟，拥有通信基础设施是一种优势。

此外，腾讯在 2017 年年度报告中列举了今后有待战略性强化的 6 个业务领域，分别是在线游戏、数字内容、支付相关的互联网金融服务、云、人工智能、智能零售。特别是人工智能和智能零售，可以说是展示了腾讯未来发展方向的业务，这一点将在后文进行论述。

07 腾讯的五大因素

通过"道""天""地""将""法"来进行战略分析

接下来，让我们同样使用"5 因素法"来分析腾讯，具体参见图 3-6。

■ 腾讯的"道"

腾讯的使命在于"通过互联网增值服务提升人类生活品质"。这项使命当中，值得关注的内容是"生活品质"。

在脸书的使命中，关键词是"联系"。也就是说，脸书重视的是将人与人联系起来的社区，具体表现为 SNS 在该企业的业务领域中占绝对地位。

另一方面，腾讯在"通过互联网增值服务提升人类生活品质"这一使命中，互联网的增值服务只是一种手段，重要的是"提升生活品质"这一目的。腾讯在这个基础上发展业务，因此将业务扩展

"提升生活品质的机会"是"天时"

天时

天

· 政治："中国制造 2025"、"互联网 +"、人工智能政策、促进大数据发展等相关政策
· 经济：开放式生态系统是机会
· 社会：SNS、共享是机会
· 技术：提升生活品质的技术是机会，如互联网、移动、智能手机、SNS、图像、视频、AR/VR、无人驾驶等移动服务

· 创始人马化腾：比任何人都讨厌冒险的谨慎派、老成持重
· 日本经济高度成长期的工作方式
· 团队合作与辛勤工作

领导力

将

使命、愿景、战略
价值观

道

通过互联网增值服务提升人类生活品质

使命

愿景
最受尊敬的互联网企业

价值观
诚实 + 积极性 + 协作 + 创新

具有高度综合实力的科技企业

管理

法

· 平台与生态系统：以 SNS 为中心，垂直整合游戏、广告、金融、移动等
· 业务结构：SNS、游戏、金融、广告、其他
· 收益结构：VAS 收入占销售额的 65%，广告收入占销售额的 17%

地利

地

从 SNS 出发，以生活品质的提升为核心不断成长

· 总部：深圳
· 竞争领域：从 SNS 出发，以生活品质的提升为核心不断成长
· 优势：综合实力
· 除了提供游戏、视频、音乐等服务之外，还不断将业务领域扩大到以移动支付为代表的金融服务、利用人工智能等能进行的无人驾驶技术的开发以及新零售行业

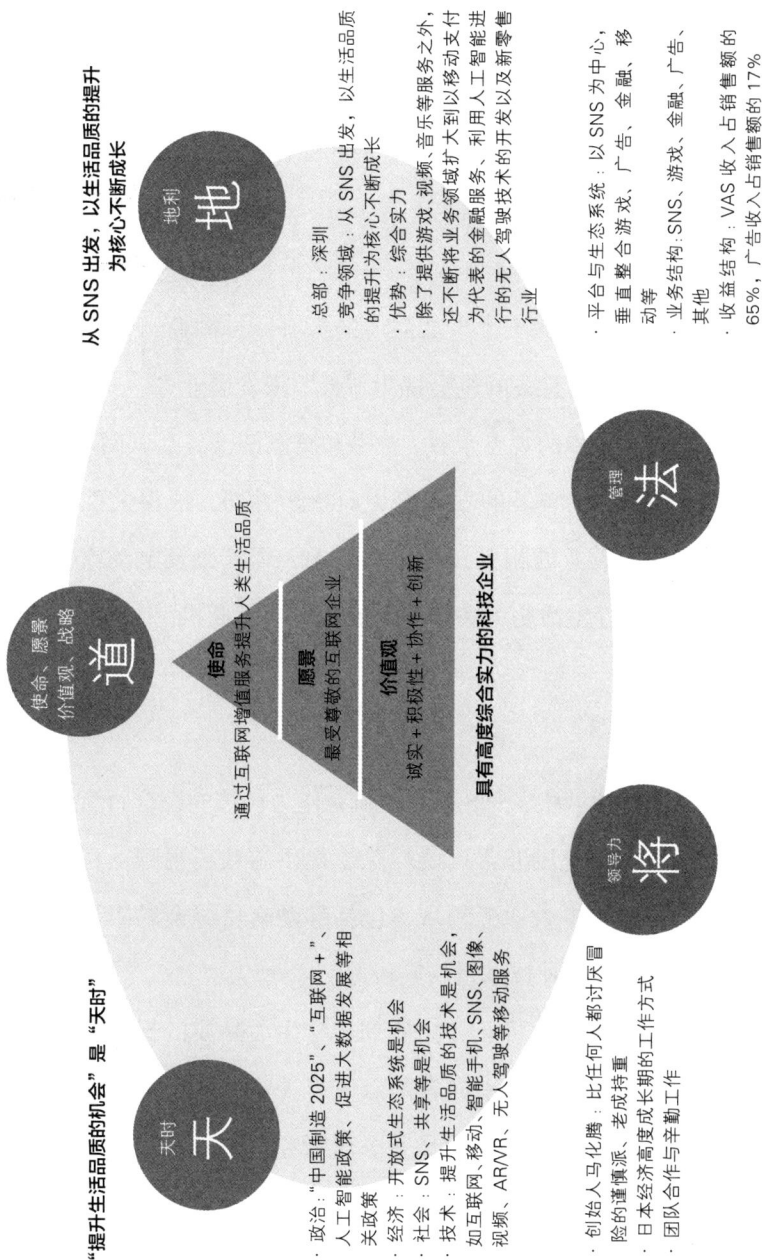

图 3-6　用 "5 因素法" 分析腾讯的大战略

到了与生活相关的所有领域。

虽然从以 SNS 为中心的业务来看，脸书和腾讯十分相似，但是了解两者"道"的差异，就会理解双方的业务领域为何明显不同。

■ 腾讯的"天"

由于腾讯的使命在于"生活品质的提升"，因此可以认为，腾讯将与生活品质提升有关的机会视为"天"来发展业务。

从全球技术进步的观点来看，脸书和腾讯都已将互联网、移动、社交网络、图像 / 视频等的发展作为商机。另外，值得关注的是，腾讯将更多不同行业的相关技术，例如无人驾驶以及电动汽车、电子商务、零售店等生活相关的技术发展也变成了商机。

■ 腾讯的"地"

腾讯的业务领域中，SNS 只是基础。作为科技的综合百货商店，腾讯的特点是业务范围非常广泛。除了提供游戏、视频、音乐等服务外，它还在继续扩大业务领域，包括移动支付等金融服务，使用人工智能开发无人驾驶技术及新零售等。

未来，腾讯会继续将业务拓展到与"生活品质的提升"相关的各个领域。腾讯近年来的动向有两点值得关注：一个是在中国政府的政策支持下，利用人工智能开展医疗服务；另一个是在中国国内与阿里巴巴竞争。阿里巴巴在智能城市、无人驾驶和新零售等领域突飞猛进，这些领域的市场究竟鹿死谁手，我们拭目以待。这些内容也将在后文讨论。

■ 腾讯的"将"

腾讯的优势在于其强大的整体实力。这主要归功于创始人之一——马化腾的领导。

本书涉及的中美科技巨头的创始人包括亚马逊的杰夫·贝佐斯、苹果的史蒂夫·乔布斯和脸书的马克·扎克伯格等,他们每个人都具有强烈的个性以及独创性(从某种意义上说,他们当中有很多人都缺乏平衡性)。

然而,马化腾却与这样的形象无关。周围人对他的评价是"比任何人都讨厌冒险""老成持重",并具备极其认真和勤奋的品质。在企业管理方面,马化腾强调团队合作。据说在高管云集的最高管理层会议上,他从头到尾只负责倾听和协调意见。1998 年公司成立后不久,腾讯就制定了一条规则:5 位创始人当中只要有一人强烈反对某一提议,那么该提议就被驳回。可以说,马化腾作为一名企业家,具备了极佳的平衡性。

反映马化腾这种领导力的是,腾讯采用了在经济高速成长期时日本公司的工作方式。根据富士通总研经济研究所的高级研究员赵玮琳的报告,腾讯是"高学历、理工科出身的员工多,工资福利待遇好的'技术男'(指理工科出身、工作认真、工资高的男性)的世界",有着"重视经常挑战新事物的企业文化",同时,"IT 企业往往存在过劳工作(hard work)问题"。从呼吁"工作方式改革"的日本来看,"hard work"往往具有消极意义,但在处于经济增长时期的中国,并没有多少员工对这种工作方式提出质疑。

因此,员工崇尚"hard work"且勤奋工作,再加上团队合作,两者成为了腾讯迅速成长的源泉。

■ 腾讯的"法"

腾讯的业务结构是以"沟通与社交"的 SNS 为基础，战略性推动多元化，并对游戏、金融和无人驾驶等各种业务进行垂直整合。

根据 2017 年的数据来观察腾讯的收益结构（见图 3-7），占销售额 65% 的是 VAS 收入。其中很大一部分来自游戏内收费。从收益结构来看，可以说腾讯是一家游戏公司。

VAS 用户，也就是使用收费服务的用户增长到了 1.54 亿人。因这一数量庞大的用户不断进行消费，对腾讯来说，在线游戏是非常重要的业务内容。2018 年第二季度，VAS 收入比去年同期增加了 14%，实现了两位数的增长，因而在线游戏仍是腾讯的重点业务。

广告收入占销售额的 17%。这一数字在 2018 年第二季度同比增长 39%，可以说广告收入已成长为腾讯的收益支柱。鉴于脸书通过 SNS 收集个人数据增强了广告效果，从而建立了作为广告媒体的

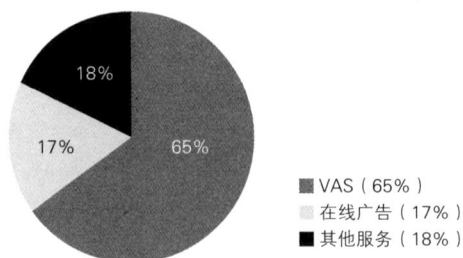

VAS（65%）
在线广告（17%）
其他服务（18%）

资料来源：腾讯 2017 年年报

图 3-7　腾讯的收益结构（2017 年）

地位，腾讯似乎在广告收入方面也有很大上升空间。成为广告媒体的微信以及视频流媒体服务中的大流量，证明了腾讯在广告业务中的发展潜力。此外，金融等其他服务占销售额的 18%，于 2018 年第二季度较去年同期大幅增加了 81%，其中主要依靠以微信支付为代表的金融服务以及云服务。

08 腾讯的人工智能战略

聚焦"人工智能＋医疗"和"人工智能＋无人驾驶"

人工智能战略值得作为重点领域关注。人工智能在各个领域的存在感日益增强，腾讯则专注于"人工智能＋医疗"和"人工智能＋无人驾驶"。

在中国政府公布的新一代人工智能发展规划中，确定了人工智能项目的四个主题及相应的承接单位。

本书涉及的科技巨头中，百度负责"人工智能＋无人驾驶"，阿里巴巴负责"人工智能＋城市计划"，而腾讯负责的是"人工智能＋医疗影像"。腾讯原本就在与医疗服务相关的人工智能研究领域有一技之长。

腾讯汇集了人脸识别等人工智能技术，于2017年8月成立了"人工智能医学影像联合实验室"。在这个实验室中，腾讯建立了早期筛查食道癌临床试验的系统。传统医疗影像的解读主要依靠医生的技能和经验，而腾讯则通过人工智能提高影像解读的准确性。利用过去的病理诊断数据，通过网络使人工智能进行学习，不仅可以实现癌症的早期发现，还可以检测出微小肿瘤及提高 CT 检查的准确性等。

腾讯的"智能医疗服务"构想范围广泛，微信智能医院 1.0、2.0 实现了在线获取体检号码并支付检查费用、通知体检时间、导航医院的路线等功能。预计下一个版本将通过微信提供多样化的支付方式，如通过处方的电子传送使患者可以在熟悉的药店或家中接受药物治疗。除此之外，人工智能还用于开发在线诊断和咨询、检查后护理等自动化功能，并开发了医学影像诊断功能。另外，通过区块链技术，可实现诊断信息记录的一元化管理，便于医生参考患者的医疗状况和健康数据等详细信息。

如果能免去在医院就诊或等待处方的麻烦，减少手续的复杂性，就会大大减轻医务人员的工作负担。此外，如果实现医疗相关信息的一元化管理，可以随时提取信息进行参考的话，将会大大提高医疗质量。

腾讯十分重视下一代汽车行业。除了持有美国电动汽车制造商特斯拉 5％ 的股份外，腾讯还于 2016 年 12 月与德国 HERE 公司建立了战略性的全面合作伙伴关系。HERE 提供的高精度 3D 地图可与谷歌地图相媲美，这项技术对于作为无人驾驶生命线的数字基础设施建设来说至关重要。基于与 HERE 的合作伙伴关系，腾讯将为中国市场开发数字地图服务，并构建用于无人驾驶的高精度定位服务。

2017 年 11 月，腾讯在北京开始关于无人驾驶技术的研究。通过利用迄今为止已拥有的导航和人工智能技术，腾讯推出了独特的无人驾驶业务。有资料显示，2018 年 4 月，腾讯已在公路上进行了无人驾驶汽车的试运行。

此外，2017 年 12 月在深圳进行测试的无人驾驶公交车采用了腾讯提供的移动支付服务，该服务通过智能手机上的应用程序实现。虽然腾讯没有直接参与到这一项目中，然而间接获得的经验依然可以用于自身的无人驾驶业务。

2018 年 11 月在广州举办的国际车展上，腾讯宣布与当地一家大型汽车制造商——广州汽车合作开发配备腾讯"AI in Car"的汽车，并建立批量生产系统。腾讯表示，该系统集中了腾讯的安全技术、内容、大数据、云计算和人工智能技术，是面向智能汽车的解决方案。

09 使腾讯成为平台运营商的微信小程序

改变智能手机应用程序的概念?

腾讯的战略中值得关注的是可以在微信应用程序中使用的微信小程序。该公司 2018 年第二季度报告用了 2 页篇幅对此进行说明,由此可见腾讯对小程序的重视程度。

小程序是腾讯于 2017 年 1 月推出的一项服务,简单来说就是使"应用程序内的应用程序"成为可能。如与苹果开发的 App Store,类似的应用程序必须适应平台供应商苹果基本软件 iOS,也就是说,应用程序开发人员必须用适合苹果的开发语言来开发应用程序,而且一旦审核不通过就无法发布该应用程序。

因此,小程序不需要获得平台运营商的批准。腾讯为应用开发者公开微信这一平台。也就是说,只要是腾讯认可的应用程序,就可以在微信上发布。

这种方式有可能改变传统智能手机应用程序这一概念。在中国,面向安卓智能手机的应用程序商店比比皆是。这是由于谷歌退出中国市场后，无法使用谷歌支付，而百度、腾讯和一些智能手机制造商等都推出了自己的应用商店。因此，应用程序开发人员必须解决如何同时对应多个商店的问题。

在这种情况下，随着微信这一占据中国人社交软件核心位置的平台的开放，应用程序开发者纷纷投身小程序的开发当中。根据市场调查公司艾媒咨询（iiMedia Research）的研究报告，商业小程序的开发者数量在 2017 至 2018 年两年内已经超过 150 万，仅 2017 年一年内就创造了 104 万个就业岗位。

与传统的智能手机应用程序相比，小程序不需要从专用商店下载。用户获取应用程序的主要方法之一是扫描二维码，例如餐厅的应用程序或者零售店的应用程序。许多应用程序都与实体店服务相结合。小程序不仅涉及在线业务，还涉及餐馆和零售等离线业务，甚至影响了新零售领域。

小程序出现后，MAU 数量稳步增长，从 2018 年开始迅速增加，已经超过 4 亿人。调查报告显示，最常用的是移动游戏，除此之外是生活相关服务，如移动购物、旅游服务和金融服务等。

小程序是取代应用程序商店以及谷歌支付的新概念，其经济圈正不断扩大，蚂蚁金服和百度等企业也在推广同样概念的服务。

腾讯的优势在于拥有 10 亿微信用户。可以认为，腾讯的策略是利用微信这个通信平台来维系用户，并试图在更广泛的服务中掌握平台主导权。

使用频率与顾客黏度是制胜条件

掌握社交软件的优势不可估量。因为用户每天都要使用社交软件很多次，因此与用户的联系十分紧密。日本的社交软件中，LINE是最普及的。如果你也使用 LINE 的话，不妨想一想一天当中你每隔多久会查看一次 LINE，以及每天花费在 LINE 上的时间有多少，恐怕 LINE 的顾客黏度是日本智能手机应用程序中最高的。即便是频繁使用亚马逊或阿里巴巴的人，其使用频率恐怕也不如社交软件那样频繁。

小程序最大限度地发挥了以社交软件为起点提供新服务的优势。同样令人震惊的是，在 2019 年国际消费类电子产品展览会上，腾讯的高管在讲解小程序时，介绍了小程序兼容苹果支付应用程序。

今后，在全球社交软件领域处于领先地位的企业应该也会像腾讯一样开展各种服务，争夺平台供应商的市场份额。

社交软件的使用频率与受欢迎程度以及顾客黏度关系着新一轮竞争的胜败。从这个意义上说，有必要密切关注腾讯的动向。

🔟 新零售中阿里巴巴与腾讯之战

是新零售还是"智能零售"？

在中国，阿里巴巴与腾讯之间的竞争愈演愈烈。阿里巴巴是在电子商务的基础上发展起来的，而腾讯则以 SNS 为起点提供各项服务。随着业务领域的扩大，近年来两家企业中像支付宝和微信支付一样进行正面竞争的业务不断增加。

阿里巴巴通过盒马开展新零售，而腾讯则采用同样的 OMO 策略，称为"智能零售"。正如前面提到的，这种智能零售是腾讯正在战略性加强的 6 个业务领域之一。

腾讯是京东商城的第一大股东，该商城在中国电子商务 B2C 市场的占有率排名第二。京东在 2015 年与中国大型连锁超市"永辉"缔结战略联盟并获得永辉超市 10％的股份。2017 年 12 月，腾讯也收购了永辉的股份。也就是说，腾讯与作为电子商城的京东、作为超市的永辉建立了密切的团队关系。

2017 年 1 月，永辉推出了与盒马超市中备受欢迎的便利厨房服务相同的概念，并推出了新品牌 OMO 商店——超级物种。于是，阿里巴巴的盒马与腾讯的超级物种之间的竞争正式拉开序幕。

此外，不光是便利厨房服务，超级物种在其他各个方面都在模仿盒马，例如 3 公里范围内 30 分钟之内免费送货和所有产品都附带条形码来实现可追溯性等。

正如著名财经作家吴晓波所言，马化腾认为"模仿是最稳妥的创新"，并自认"腾讯是一个'模仿者'而不是'创造者'"，"我不盲目创新，微软、谷歌做的都是别人做过的东西。最聪明的方法肯定是学习最佳案例，然后再超越。因此，我不会与其他企业竞争谁先上市，因为这样做是没有意义的"。

■ 人工智能的商业化应用已经启动

在 2019 年国际消费类电子产品展览会的第三天，一个名为"智能零售"的专场活动举办了整整一天。腾讯和京东高管纷纷亮相名为"了解亚洲最新零售业趋势"的会议。美国主持人介绍说："在当今智能零售业领域，中国比美国更加先进。希望这两家企业的最新动向能对大家有所启发。"会议期间播放了视频，京东展示了已经在中国投入使用的配送用小型无人驾驶汽车、配送用无人机、从到货到出货的全自动仓库以及通过区块链实现的销售产品的跟踪技术，获得了极大关注。在国外企业还在就技术进行竞争时，中国企业已经将技术投入了商业化应用。

腾讯于 2018 年与永辉共同投资了法国大型零售商家乐福，并将视野投向全球化的智能零售的发展。阿里巴巴与以"超越原创"为目标的腾讯之间的竞争，今后依然惹人注目。

最后，以 SNS 强大的客户群为背景，以 B2C 业务为核心发展起来的腾讯，在政府加强对游戏业务实施限制的背景下，开始开发"腾讯云"等 B2B 业务。正如之前所见，开展了 SNS、金融、智能零售等各种业务的腾讯所拥有的数据不仅范围广泛且体量巨大。考虑到腾讯可以通过这些数据对广告进行优化，其在营销业务等方面尚有很大的发展空间。另外，面向企业的云计算和"大数据＋人工智能"业务也需要更多的关注。

第四章

谷歌 VS 百度

—— 人工智能的商业化应用

Google × Baidu

本章的目的 ▸▸▸

第四章将分析作为全球检索服务龙头企业的谷歌与占据中国搜索引擎市场最大份额的百度。

谷歌将其开发方针从"移动优先"改为"人工智能优先"。正如字面所说，人工智能相关的技术实力即使对于科技巨头来说也具有很大的吸引力，并且在使用人工智能语音助手构建智慧城市以及开展下一代无人驾驶方面具有突出地位。从控股公司Alphabet的使命"让周围的世界更加便于使用"开始讲解的话，会更容易理解这些业务的发展状况。另外，谷歌提出的"十大事实""正念"等也是战略分析的重点。

此外，我们也不时听到关于百度的负面消息，例如对于移动支付迟迟不作回应等。

百度以企业存亡为赌注，发展包括无人驾驶在内的人工智能业务。对于纳入国家战略的"人工智能＋无人驾驶"业务，百度致力于推动无人驾驶平台"阿波罗计划"等。笔者将结合CES2019的报告分析百度无人驾驶的商业化应用情况。从检索服务起步的两家企业不断扩大其业务领域，现在，进入了在无人驾驶领域中一较高低的时代。

01 谷歌的业务实态

从"检索公司"开始逐步扩展各项业务

虽然有人没有用过亚马逊、苹果、脸书的产品或服务，但是相信本书的读者恐怕都用过谷歌。凭借超过90％的全球检索市场份额，在万物互联的世界中，谷歌已经深度参与到无数人的生活中。

检索服务作为主要业务，为谷歌提供了大量的广告收入。从收益结构来看，就会发现谷歌收入的大部分来自检索服务。从这个意义上说，谷歌正是许多人印象当中的"检索公司"。但是近年来谷歌开发了各种各样的业务，如果想要全面了解谷歌，除了检索服务之外，还需要关注谷歌的其他业务。

为了全面了解谷歌，首先要提到的是，谷歌在2015年进行了大规模改组，成立了母公司Alphabet。现在，Alphabet旗下拥有谷歌和"其他投注"（Other Bets）部门。

除了检索服务，谷歌还涉及诸如 Gmail、谷歌地图、YouTube 等服务，以及网络浏览器 Chrome、面向智能手机的安卓应用系统和云业务等。Other Bets 部门包括从事无人驾驶汽车开发项目的 Waymo，开展智慧城市计划的 Sidewalk Labs，以及开发阿尔法围棋的人工智能公司 Deep Mind。

本书将 Alphabet 旗下的谷歌与 Other Bets 整体作为广义的谷歌，并对其进行讨论。

■ 检索服务和广告

首先，让我们来看一下作为谷歌支柱的检索服务。

谷歌的检索服务是由创始人拉里·佩奇（Lawrence Edward Page）和谢尔盖·布林（Sergey Brin）开发的，特点在于通过"佩奇排名"（Page Rank）这一算法提高检索的准确性。

在检索服务中，从互联网上的无数网站中将与检索词相匹配的网站作为检索结果显示出来非常重要。谷歌开发了一种算法，注重结合网站导入链接的数量，大大提高了检索的准确性。

谷歌于 2000 年开始在检索服务领域开展广告业务，最初导入的是 AdWords。它会根据用户输入的检索词显示相关广告的链接。谷歌则根据广告链接的点击次数向广告商收取费用。现在 AdWords 已更名为"谷歌广告"。

对于广告行业来说，AdWords 的出现令人震惊。因为在此之前，广告发布的载体主要是大众媒体，如电视、报纸、杂志等。谷歌使任何人都可以在网上发布广告，并且根据实际点击量支付广告费用的机制正是广告自由的体现。

■ 免费服务与广告业务之间的关系

除了 Gmail 和谷歌地图等服务外，谷歌还提供了许多其他服务。谷歌还为智能手机提供安卓操作系统，并经营着 2006 年收购的视频发布网站 YouTube。

这些服务原则上是免费提供给用户的，而且谷歌也在这些服务中提供广告并获得相关收入。但真正掌握关键的是用户的网络服务使用记录和人工智能。

谷歌可以获取用户的检索记录以及 Gmail、谷歌地图的使用记录，并通过人工智能对这些大数据进行分析，以此为用户提供他们更感兴趣的广告。

例如，谷歌有一项名为 AdSense 的服务，可以显示由谷歌提供的广告并获得报酬。使用 AdSense 的网站除了可以提供与网站有关的广告之外，还能针对每个用户提供最优化的广告。此外，可以认为，出现在安卓智能手机应用程序页面上的广告、出现在 Gmail 或谷歌地图的页面上的广告，以及观看 YouTube 时显示的广告等，对于用户来说基本上都是最优化的。

与检索词相对应的简单的谷歌广告以及通过用户行为数据和人工智能实现最优化的多样广告构成了谷歌业务的核心。从 2017 年 Alphabet 的销售额来看，广告相关收入占了 85% 以上。

■ 永无止境的用户需求与广告的最优化

考虑到谷歌的检索服务与广告之间的关系以及"大数据＋人工智能"的潜力，"需求无止境"这一关键概念浮出水面。

正如使用谷歌进行检索的人所了解的，谷歌检索不仅提供用户输入检索词的检索服务。如果只输入检索词的一部分，系统会自动显示余下的候补内容。另外，只要输入一个检索词，就会出现追加的候选词。这种诱导机制使关键词更加符合用户需求。而这些都是通过分析过去以同样文字或单词进行检索的数据以及用户点击的内容实现的。

导入"大数据＋人工智能"的检索服务与最初的检索服务具有不同的含义。过去的检索服务是用户输入检索词，系统显示与之对应的网站。因此，在输入检索词时，用户已清楚地意识到了自己的需求，因此，用户为了满足使用需求，输入检索词后，便可查看检索结果以及显示的广告。

然而，利用"大数据＋人工智能"的检索和广告不仅不需要用户思考所有检索词，还由显示的广告对应用户的潜在需求以及用户自身尚未明确意识到的需求。今后，当大家使用谷歌的检索服务时，"虽然没有具体意识到但确实会感兴趣的信息"的广告将会越来越多地出现。

技术不断进化，并为用户提供更便捷的检索服务，会进一步提高用户的需求。与此同时，谷歌也将实现广告的最优化。

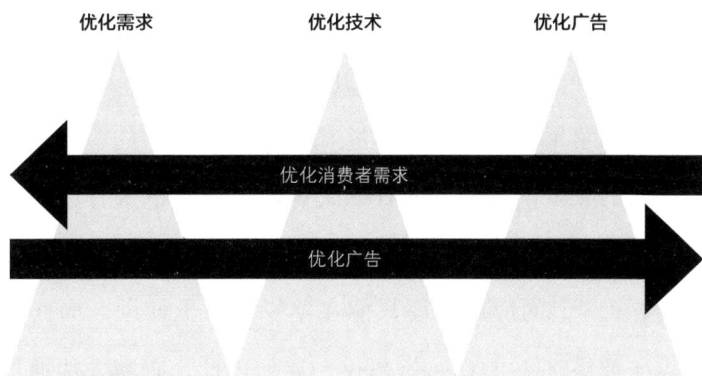

优化需求　　　　　　优化技术　　　　　　优化广告

优化消费者需求

优化广告

图 4-1　3 种优化

■ 不同于苹果的安卓商业模式

为了了解谷歌的业务，有必要先了解智能手机的安卓操作系统。

谷歌于 2007 年推出了安卓智能手机操作系统。根据《东洋经济周刊》2018 年 12 月 22 日的报道，2017 年全球安卓用户数量突破 20 亿，约占全球智能手机操作系统份额的 85％。

考虑到苹果已经通过配备 iOS 的 iPhone 和苹果商店建立了生态系统，光从这一数字来看，恐怕有人会对"谷歌究竟建立了多大规模的生态系统"感兴趣。然而，谷歌通过安卓构建的商业模式与苹果的 iOS 略有不同。

谷歌免费提供安卓操作系统主要有两个好处。

其一是随着配备安卓操作系统的智能手机用户的增加，与之配套的谷歌用户也随之增加，于是直接带来广告收入的增加。在被称为"开放手机联盟"（OHA，Open Handset Alliance）的安卓操作系统中，可以使用谷歌检索、地图、视频播放等服务。

另一个好处是可以通过谷歌的应用程序商店 Google Play 出售服务。与苹果的苹果商店一样，通过 Google Play 出售的应用程序以及应用程序内的收费内容需要向谷歌支付销售额的 30% 作为手续费。在 OHA 中，Google Play 是标准配置。

但是，iOS 上的应用程序只能在苹果商店上使用，而面向安卓的应用程序商店却不止 Google Play 一家。因此，谷歌无法通过应用程序的销售建立像 iPhone 一样强大的生态系统。根据智能手机应用程序分析公司 Sensor Tower 的一项调查，2018 年上半年 Google Play 的应用程序下载量是苹果商店的 2 倍以上，但收入却只有苹果商店的一半左右。原因在于除 Google Play 之外，还有其他应用程序商店的存在，配备安卓系统的大多是廉价终端，以及安卓在发展中国家的普及率比较高，等等。

此外，谷歌于 2010 年退出中国检索市场也对安卓产生了不利影响。安卓有一个名为"安卓开放源代码项目"（AOSP，Android Open Source Project）的操作系统。该系统仅提供核心部分，智能手机制造商可以在 AOSP 的基础上创建并安装自己的操作系统，而该操作系统没有安装谷歌的配套服务。

而且，在拥有庞大智能手机市场的中国，安卓智能手机普遍搭配的是 AOSP。这一点毫不奇怪，因为谷歌服务无法在中国使用。换句话说，中国的安卓智能手机无法使用谷歌检索和 Google Play。因此，谷歌从中国的安卓智能手机上无法获得收益。为了改善这种状况，谷歌明确表示希望恢复在中国的检索事业，由于国情的不同，攻占庞大的中国市场还有许多困难需要克服。

■ 从移动优先到人工智能优先

谷歌在 2016 年宣布，企业的开发方针从"移动优先"变为"人工智能优先"。

谷歌的人工智能相关技术实力在科技巨头当中可以说是最强大的。谷歌拥有世界一流的研究机构"谷歌大脑"（Google Brain）。根据《东洋经济周刊》2018 年 12 月 22 日的报道，2017 年该机构向人工智能国际学会 NIPS 提交的论文数量超过了美国的麻省理工学院，位居世界第一。

谷歌人工智能的一个象征就是人工智能语音助手（Google Assistant）。凭借与亚马逊的 Alexa 相同的理念，谷歌通过配备谷歌助手的语音激活设备 Google Home 的发售，开始了真正的硬件销售。

能够充分发挥人工智能竞争优势的是完全无人驾驶。谷歌从 2009 年开始研究无人驾驶的商业化应用。2016 年，无人驾驶汽车开发项目独立出来，成立了作为 Alphabet 分公司的 Waymo。截至 2018 年 2 月，在公路上行驶的测试距离达到 800 万千米。配备摄像头以及高精度地图、人工智能等的谷歌无人驾驶汽车引起了全世界的关注，即使在科技巨头企业当中，谷歌在研发下一代汽车方面依然处于领先地位。

让我们简单回顾一下谷歌研究无人驾驶汽车的历史。2010 年 10 月，谷歌宣布正在开发一款无人驾驶汽车。当时，谷歌明确指出目标是实现"4 级"全自动操作。

2012年3月，谷歌在YouTube上发布了针对视障人士的试驾。5月，谷歌在美国内华达州获得了第一张无人驾驶汽车牌照。

2014年1月，谷歌宣布成立汽车联盟，成员包括通用汽车、奥迪、本田、现代和英伟达等。这是安卓的车载化项目，该项目首先从安卓终端和车载设备之间的合作开始，最终的目标是实现安卓的车载操作系统化。

接着，在2016年12月，一直致力于无人驾驶项目的研究机构谷歌X完成其开发任务，宣布成立Waymo，启动商业化。Waymo于2018年12月在美国首次实现了无人驾驶出租车的商业化应用。2018年，当许多汽车制造商和技术公司宣布计划在一年左右实现无人驾驶商业化时，谷歌已经开始了无人驾驶出租车的商业化运作，并在这一方面上取得了领先地位。

如上所述，谷歌的广告收入占营业额的很大部分，并且致力于成为一个以智能手机安卓操作系统为代表的开放平台。考虑到这些因素，谷歌希望提供的应当不是无人驾驶汽车的硬件服务。

谷歌的目标是在无人驾驶汽车领域，通过大范围提供操作系统，使之作为公开平台，增加顾客接触，开发新的服务，并最终提高广告收入。

02 谷歌的五大因素

通过"道""天""地""将""法"来进行战略分析

在把握整体印象的基础上，让我们来看看谷歌的"道""天""地""将""法"这五大因素，具体参见图 4-2。

■ 谷歌的"道"

谷歌的使命是"整理世界上的信息，以便世界各地的人们可以自由访问并使用"。母公司 Alphabet 的使命是"让周围的世界更加方便"。

对于从检索服务起步的谷歌而言，以上使命几乎是永恒不变的。当然，谷歌"整理"的不仅仅是网站上的信息。谷歌地图和街景（Street View）整理世界各个城市的地图和风景，Gmail 整理电子邮件数据，谷歌图书（Google Books）整理图书内容，目的是让任何人都可以轻松访问并使用这些信息。将多样化的信息进行整理并使访问成为可

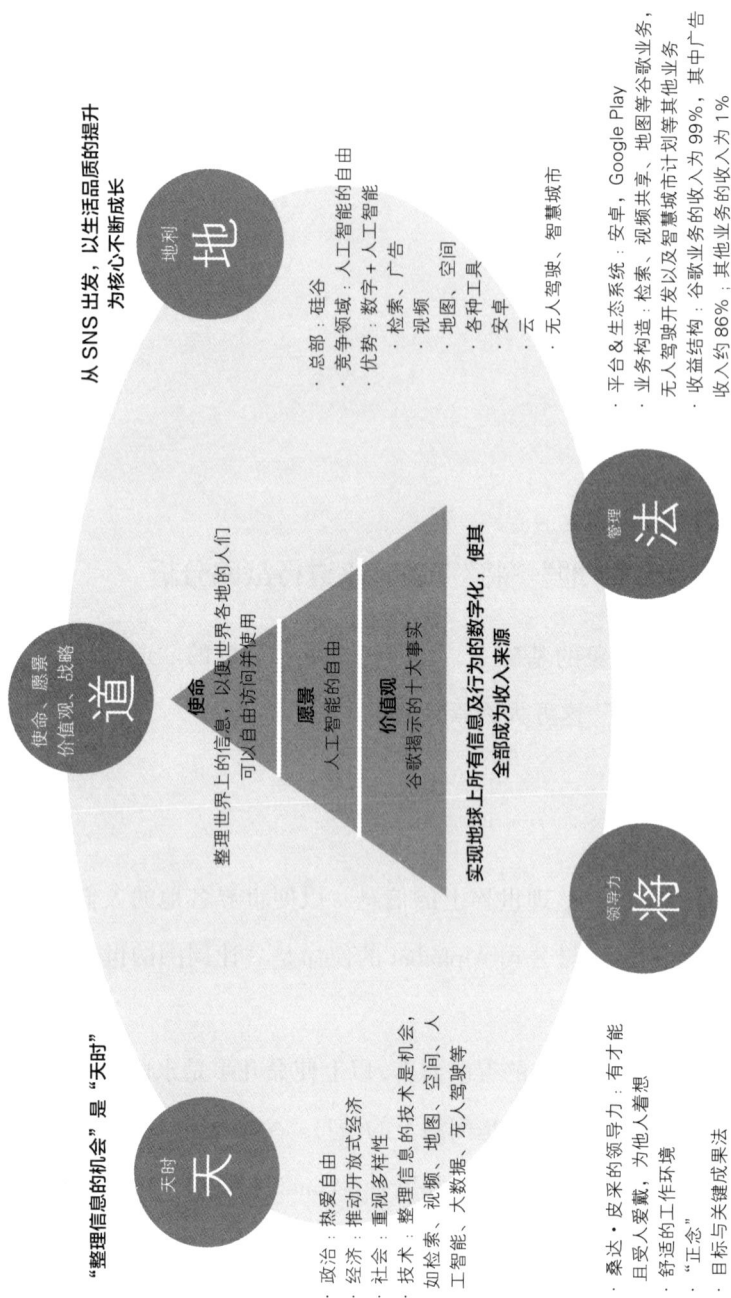

图4-2 用"5因素法"分析谷歌的大战略

"整理信息的机会"是"天时"

从SNS出发，以生活品质的提升为核心不断成长

天时 天

使命、愿景、价值观、战略 **道**

地利 **地**

管理 **法**

领导力 **将**

使命
整理世界上的信息，以便世界各地的人们可以自由访问并使用

愿景
人工智能的自由

价值观
谷歌揭示的十大事实

实现地球上所有信息及行为的数字化，使其全部成为收入来源

- 政治：热爱自由
- 经济：推动开放式经济
- 社会：重视多样性
- 技术：整理信息的技术是机会，如检索、视频、地图、空间、人工智能、大数据、无人驾驶等

- 桑达·皮采的领导力：有才能且受人爱戴，为他人着想
- "正念"舒适的工作环境
- 目标与关键成果法

- 总部：硅谷
- 竞争领域：人工智能的自由优势：数字＋人工智能
  - 检索、广告
  - 视频
  - 地图、空间
  - 各种工具
  - 安卓
  - 云
  - 无人驾驶、智慧城市

- 平台＆生态系统：安卓，视频共享，地图等谷歌业务，Google Play
- 业务构造：检索、谷歌业务无人驾驶开发以及智慧城市计划等其他业务收益结构：谷歌业务的收入为99%，其中广告收入的收入约86%；其他业务的收入为1%

能，同时增加用户接触广告的机会。对于谷歌来说，信息的整理与广告业务是互为表里的关系。

然而，从信息整理和广告业务的角度还不足以完全理解谷歌的使命。笔者认为谷歌将自身使命进化到了超越语言范围的程度，以实现使命的真正含义。

例如，谷歌根据"移动优先"的方针提供安卓，也是源于企业使命的进化。安卓已经实现了用户体验的改善，即移动设备可以随时访问谷歌整理出来的信息。

此外，谷歌在"人工智能优先"方针的指导下致力于实现无人驾驶和智慧城市，其背后也反映出谷歌的企业使命是努力创造一个自然而舒适的世界。

例如，一旦实现了无人驾驶，人们可以把方向盘交给人工智能，他们在汽车上度过时间的方式将会发生改变。在由人工智能控制而不需要司机驾驶的汽车里，人们可以自由地支配时间。

这里说的"自由"意味着有问题的话可以问人工智能助手，想听音乐的话可以让人工智能助手播放，人们可以自由地使用信息。

以无人驾驶汽车和智慧城市为目标的世界观是谷歌的未来使命，这种世界观与 Alphabet 公司"使周围的世界更加方便"的使命一脉相承（见图 4-3）。

■ 谷歌的"天"

谷歌的"天"指的是"整理世界上的信息，以便世界各地的人们可以自由访问并使用"的机会。

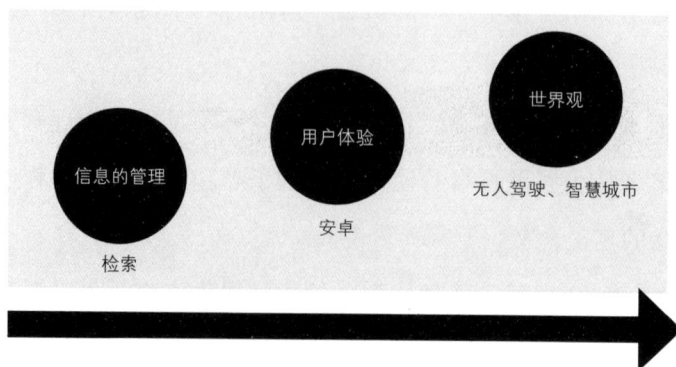

图 4-3　谷歌使命的进化

现在，人工智能的发展可以说是谷歌的"天"。从"移动优先"到"人工智能优先"的方针转变也说明了专注于人工智能对于谷歌履行其使命来说至关重要。

谷歌利用各种先进技术不断发展壮大，但在云计算等领域却甘居人后。例如，虽然谷歌目前专注于发展云业务，但仍需要一段时间才能与亚马逊 AWS 比肩。

而且谷歌庞大收益的大部分都依靠广告收入，这一方面显示了谷歌广告业务的优势，同时也说明谷歌缺少除了广告业务之外的其他收入支柱。

在这样的背景下，谷歌认为，专注于发展人工智能是"将谷歌转变为技术公司"的必要条件。例如，2017 年 5 月，谷歌的人工智能机器人"阿尔法围棋"与围棋世界冠军展开对决并获胜一事成为新闻热点。谷歌将构成阿尔法围棋基础的机器学习技术 Tensor Flow作为开源软件库进行公开。谷歌希望自己的产品能够被更多的开发人员使用，目的在于创建一个生态系统。

另外，用于人工智能的半导体独立开发也不容忽视。阿尔法围棋当中就用到了谷歌开发的半导体，从而战胜了围棋世界冠军。一般来说，独立开发半导体需要几年时间，但谷歌在一年内就完成了从设计到运营的整个过程。这也是谷歌加快向"人工智能优先"转变的又一举措。

当然了，谷歌的人工智能已经开始在我们的日常生活中发挥积极作用。许多配备人工智能的产品，例如人工智能语音激活设备Google Home、视频通话应用程序 Google Duo 等已经发布，预计今后将会有更多相关产品问世。

■ 谷歌的"地"

用一句话来概括谷歌的业务就是"建立一个商业模式或平台，将全世界庞大的信息、沟通、行为等数据化，并将其作为广告收入实现收益化"。

谷歌的业务领域之广，令人很难把握全部。考虑到 Alphabet 公司的使命在于"使周围的世界更加方便"，因此，通过谷歌的人工智能技术等不断开发"更加方便"的产品是自然而然的趋势。

例如，之前简单提到过，Alphabet 旗下的 Sidewalk Lab 正在开发智慧城市项目。下面就让我们来看看 Sidewalk Lab 开发的"智慧城市"究竟是什么。

未来的道路将与现在用混凝土浇筑的用途单一的道路形成鲜明对比。在未来，只需操纵开关，道路的用途和指示灯就会根据时间而发生变化。

早高峰时的公交车专用通道可能变成儿童白天的游乐场。周一的自行车道可能是周末的产品直销会场。道路应当是时刻变化的柔软空间，而不是像现在一样车水马龙，车辆争先恐后地穿梭其中。这就是有关 Sidewalk Lab 的构想。

这正是一个展示谷歌业务领域广泛的项目。

■ 谷歌的"将"

拉里·佩奇表示对现任 CEO 桑达·皮采充满信心。了解皮采有利于对谷歌当前的"将"进行解读。

先来看看皮采的经历。皮采于 1972 年出生于印度。父亲经营一家零件装配厂，在他 12 岁之前，家里连电话都没有，非常贫穷。但皮采非常优秀，在印度理工学院学习工程学之后，拿到了奖学金并前往斯坦福大学深造。后来获得了 MBA 学位，并在麦肯锡咨询公司积累了工作经验。

皮采于 2004 年加入谷歌。他在工作中表现得非常出色，年纪轻轻就管理着谷歌的 Chrome、安卓和 Chrome 操作系统等主要业务。谷歌独立开发浏览器的想法就是他提出来的。作为一个熟悉业务和技术的人才，皮采在公司内外都获得了高度评价。皮采的性格与其他科技巨头的 CEO 们完全不同，他是一个非常友善的人，不喜欢与人争执，以协调为宗旨，"总是为团队的成员们着想，并不遗余力地支持他们"。简而言之，皮采不仅非常有才华，而且是一个深受人们喜爱的人。

谷歌致力于成为一家吸引员工加入、工作环境舒适的企业，这一点解释了皮采为什么会被谷歌任命为 CEO。

■ 谷歌的"法"

关于谷歌的"法"，也就是业务结构和收益结构，可以将其理解为与谷歌的使命相结合的"使命＋业务结构＋收益结构"三位一体结构（见图 4-4）。

在此重申一下，谷歌的使命是整理世界上的信息，以便世界各地的人们可以自由访问并使用。在这一使命的指导下，谷歌开发了许多"为消费者提供所需信息"的服务，例如作为业务结构的检索

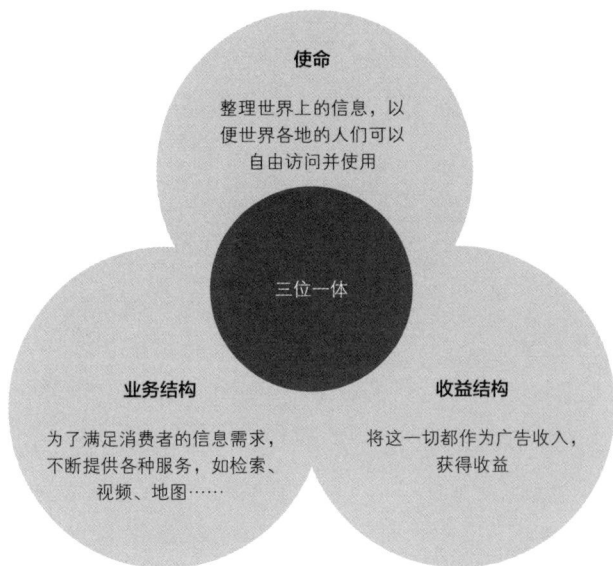

使命
整理世界上的信息，以便世界各地的人们可以自由访问并使用

三位一体

业务结构
为了满足消费者的信息需求，不断提供各种服务，如检索、视频、地图……

收益结构
将这一切都作为广告收入，获得收益

图 4-4　谷歌的"使命＋业务结构＋收益结构"

服务、视频共享服务、地图服务等。通过这些服务，谷歌将所有信息数字化，并通过广告业务实现收益化。

具体的收益结构可以参考 2017 年年度业绩。该年度 Alphabet 公司的销售额为 1109 亿美元，其中谷歌的销售额为 1097 亿美元，占99%；其他销售额为 12 亿美元（1%）。在谷歌的销售额当中，与广告相关的销售额为 954 亿美元，约占 86%。

03 谷歌揭示的"十大事实"——力量源泉之一

目标是成为怎样的存在——行动指南

为了了解谷歌是如何确立了现在的地位以及今后将成为怎样的存在，有必要了解谷歌所揭示的"十大事实"。下面是从谷歌网站上引用的内容：

1. 只要专注于用户，其他一切都会随之而来。

2. 最好的办法就是尽一切努力把一件事情做到极致。

3. 快速比慢速好。

4. 网络需要投票。

5. 检索信息不必坐在电脑前。

6. 即使不做坏事也能赚钱。

7. 世界上仍有很多未知的信息。

8. 对信息的需求超越国界。

9. 即使不穿西装也能认真工作。

10. "太棒了"还不够。

谷歌揭示这"十大事实"是在公司成立几年之后。谷歌"随时检查这份清单，来确认内容有无变化"，并且"努力保证这些事实始终是事实"。

从营销学上来看，可以将这"十大事实"作为在谷歌工作的每个员工的行动准则。在此，笔者将一一分析谷歌是如何具体看待每个事实的，以此来思考谷歌强大的理由。

■ 只要专注于用户，其他一切都会随之而来

谷歌将这一事实理解为"从一开始就优先考虑用户的便利性"。无论是开发新的网页浏览器，还是编辑主页外观时，最重视的不是内部目标和收益，而是用户。

当然，谷歌的主页非常简洁，不会像其他门户网站那样出现广告。这是因为谷歌希望用户在使用时不会犹豫。另外，与检索结果同时出现的谷歌广告简单明了，不会对检索结果造成干扰。从这一事实以及谷歌实际的运营方式来看，不难理解谷歌是一家以用户为导向的企业。

■ 最好的办法就是尽一切努力把一件事情做到极致

关于这一事实，谷歌表示自己"拥有专注于解决检索问题的世界最高级别的研究小组"，认为"在检索领域积累的技术，也适用

于像 Gmail、谷歌地图等新的服务"，并且宣布"利用检索技术，谷歌将继续提供与用户生活息息相关的信息链接服务"。正如之前提到的，将检索这一主业发展到极致的谷歌，通过进入下一阶段的"大数据＋人工智能"，来满足不断强化的用户需求并实现广告的进一步优化，达到满足用户潜在需求的水平。

■ 快速比慢速好

这一事实指的是谷歌提供的服务无需用户等待，也不会浪费用户宝贵的时间。谷歌在检索服务中的目标是"瞬间提供"用户需要的信息，谷歌自负是"世界上唯一一家最大限度减少用户花费在网站上的时间的公司"，并表示，"在发布新的服务时，始终不忘速度优先"。

从与用户的互动方面来看，企业通常希望延长用户访问自己公司网站的时间。然而谷歌在这一方面同样贯彻了用户至上的理念，由此可以找到谷歌的检索服务获得用户支持并建立起现在的地位的原因。

■ 网络需要投票

正如之前所说，谷歌在检索中采用了佩奇排名的算法。该算法重视的是网站"导入链接的数量"并将其反映在检索结果中。关于佩奇排名，如果将网页之间的链接理解为"投票"，分析哪个网站被选为其他页面最佳信息来源的话，由于每当增加新的网站时，信息来源和投票数量就会随之增加，于是随着网络的扩大，其结果就会提高。结合关于佩奇排名的说明，谷歌还表示，将通过集中大量程序员的力量来推动技术革新，致力于开源软件的开发。

使用"投票"一词来描述佩奇排名，以及致力于开源软件的开发，都表明了谷歌重视个体、个性的企业文化。谷歌的目的是通过互联网为每个人提供力量。

■ 检索信息不必坐在电脑前

关于这一事实，谷歌理解为"世界越来越移动化，无论身在何处，都需要随时随地获取必要信息"。关于安卓系统，谷歌表示："不仅扩大了用户的选择范围，使先进的移动体验成为可能，还为移动运营商、制造商和开发商创造了新的收益机会。"虽然谷歌的方针从"移动优先"变为"人工智能优先"，但谷歌对于移动的重视，今后不会改变。

■ 即使不做坏事也能赚钱

这一事实很好地说明了谷歌的企业态度。在明确表示自己是一家营利企业，通过广告获取利润之后，谷歌不允许在检索结果页面上出现与检索内容无关的广告，所有出现的广告都必须标明是赞助商的广告链接（Sponsored Link），并且承诺"绝对不会出现通过修改检索结果排序来提高合作伙伴的网站排名的情况"。用户信任谷歌的客观性，因此谷歌认为，为了在短期内增加收益而去损害这种信任是毫无意义的。谷歌的这种姿态不仅对用户有利，而且从广告优化方面来看对于谷歌本身也是有利的。

■ 世界上仍有很多未知的信息

谷歌在其使命的指导下致力于信息的整理，不仅包括网站，还挑战新闻档案、专利、学术期刊、检索数十亿图像和数百万册图书的功能。谷歌宣布，今后将继续开发为检索者提供世界上所有信息的功能。当然，世界上的各种信息以及人类行为的数据化将通过"大数据＋人工智能"推动检索服务的变化，从而增强谷歌的竞争优势。

■ 对信息的需求超越国界

谷歌的目标是为全球用户提供通过各种语言访问信息的权限。实际上，谷歌将检索结果的一半以上提供给了美国以外的用户。尽管谷歌在 2010 年退出中国市场，但是今后仍有必要关注谷歌重新进入中国市场的意向。

■ 即使不穿西装也能认真工作

对此，拉里·佩奇认为："工作必须充满挑战，挑战必须充满乐趣。"而且，谷歌的员工们"拥有各种各样的背景，在充满活力与激情的同时，创造性地去工作、娱乐和生活"，"在咖啡店、团队会议、健身房等轻松的氛围当中萌生的新想法可以随时与周围交换意见，经过反复尝试，及时确定下来"。众所周知，谷歌十分重视自律性和多样性，认为这种理念不仅是对员工的尊重，也是一种不断激发创新的方式。

■ "太棒了"还不够

通过将明知无法实现的事情定为目标，谷歌才能为了实现目标而投入资金，从而收获意料之外的结果，并且对于现状的不满足是谷歌所有的动力来源。这一点是了解谷歌如何不断推动创新的关键。

目前，我们已经一一确认了谷歌的十大事实，其中第九个和第十个需要具体分析。谷歌究竟是如何实现创新的？接下来笔者将对目标与关键成果法（OKR，Objective and Key Results）和"正念"进行解读。

04 谷歌开发能力秘密之 OKR——力量源泉之二

一个简单的过程，帮助不同组织朝向目标前进

谷歌之所以能够不断创新，是因为 OKR 作为实现大胆愿景、雄心勃勃目标的手段，发挥了作用。

关于 OKR，拉里·佩奇这样说道：

OKR 是一个简单的过程，可以帮助不同的组织实现目标。有了 OKR，领导者会发现组织的可视性迅速提高，另外它还能提供具有建设性的不同意见。例如为什么用户不能立即将视频发布到 YouTube？这比你们下一季度的目标还重要吗？

OKR 帮助我们实现了 10 倍的成长，而且在不断成长的过程中发挥了重要作用。正是由于 OKR 的存在，"整理世界上的信息"这一了不起的使命才有了实现的可能。

（约翰·多尔，《衡量什么最重要》）

曾经为拉里·佩奇等谷歌高管讲解过OKR的谷歌投资人约翰·多尔（John Dore）表示，OKR是一种"公司内部的所有组织为了完成同一个重要课题全力以赴的经营管理手法"。

约翰·多尔认为OKR当中的目标（Objectives）是重要的、具体的、促进行动的、（最理想的是）能够鼓舞他人的；关键成果（Key Results）是监控如何逐步实现目标的基准，时间轴是具体、明确的，同时具有目的性和现实性最重要的是，必须是可测量以及可验证的。

例如，皮采在回顾网络浏览器Google Chrome的开发时谈到，当时公司设立了野心勃勃的目标，同时也是"我们第一次感受到OKR延伸的威力"。

谷歌进入浏览器市场时，市场已经处于饱和状态。在这种困难局面下，Chrome在2008年第一年度就设立了"7天内实现活跃用户数量达到2000万"的目标。关于实现这一目标的可能性，皮采当时认为绝对无法实现。虽然最终没有实现，但在2009年，谷歌又将OKR延伸目标设定为5000万。当这一数字实际达到3800万时，又将2010年的目标定为1.11亿。而在2010年第三季度，7天的活跃用户数量终于达到1.11亿，实现了2010年设定的目标。到了今天，Chrome的活跃用户数量已经增长到仅移动设备就超过10亿的规模。

通过这些实际例子可以看出，OKR不仅是一种目标管理制度，还是实现野心勃勃的目标的手段。

谷歌专务执行董事、首席营销官岩村水树在其著作《聪明地工作》一书中对OKR进行了以下论述：

谷歌将在全公司范围内制订 OKR，分享给员工，每个团队也会制订自己的 OKR。

OKR 的最大优势在于消除了工作的优先级。并且由于完成情况的评估在全公司进行共享，具有提高透明度的效果。

使用 OKR 来推动创新的要点在于高目标的设定。在 OKR 中设定的目标要明显高于可以实现的目标。在某些情况下，甚至可以设定一个根本无法实现的超高水平目标。因为一个明知可以实现的目标对于人们来说没有挑战和成长的空间。

笔者认为 OKR 的本质在于复制像史蒂夫·乔布斯或者杰夫·贝佐斯这样的天才创始人的方法。

05　谷歌价值观象征之"正念"——力量源泉之三

探索内在的自己

　　"正念"可以说是谷歌的象征，但其他科技巨头并不具有此要素。提到"正念"，许多人可能会联想到冥想。

　　然而，"正念"不光指的是在禅的世界进行的冥想，近年来作为处理由压力引起的疾病的方法之一，"正念"已经被医疗领域引入并使用。谷歌将"正念"纳入员工培训过程中的 EQ（情商）培养计划，并将该计划命名为"探索内在的自己"（SIY，Search Inside Yourself）。

　　前谷歌研究员、开发 SIY 的陈一鸣在其著作《探索内在的自己：实现成功、幸福（及世界和平）的意外途径》中介绍了实现 SIY 的3 个步骤。

■ 注意力训练

注意力是高级认知和情绪能力的基础。因此，无论使用什么课程来训练情商，都必须从训练注意力开始。目的是通过锻炼注意力来培养平静、清醒的头脑。这样的心境是情商的基础。

■ 自我认识与自我控制

凭借训练有素的注意力，我们能够清晰地感知自己的认知和情绪过程，从而能够非常清楚地观察自己的思维过程和情绪过程，而且能够从第三者的客观视点出发来审视自己。如果做到这一点，最终就可以培养出一种能够自我控制的深层次的自我认知。

■ 培养良好的心理习惯

首先设想一下自己拥有一种反射性的思维习惯，每当遇到一个人时，无论是谁，都希望这个人会快乐。如果养成了这样的习惯，职场环境将会焕然一新。这是因为其他人会在不知不觉中体会到这种真诚的善意，于是彼此之间将产生一种信任，有利于形成建设性的合作关系。这种习惯可以通过自己的意识培养。

所谓的注意力训练，对于"正念"来说，指的是专注于"现在、这里"，同时摒弃杂念。自我意识与自我控制要求以现实的眼光看待眼前的事物，并从第三者的视点看待自己。人们认为，实践"正念"可以培养与他人的共鸣以及同情心，也就是"良好的心理习惯的培养"。

　　只需了解 SIY 的概要，就会发现谷歌作为企业所重视的内容以及正在普及的世界观。从"正念"的角度来看，谷歌希望其领导者具备"有能力又受人喜爱"的领导力，这也是理所当然的。

　　而且，皮采就是这样一位领导者。这一事实证明，对于谷歌来说，"正念"不仅仅是个标题而已。

06 百度的业务实态

虽然独占中国的检索市场……

最后讨论的是中国最大的检索公司——百度。该企业也被称为"中国的谷歌"。除了百度检索、百度地图和百度翻译等服务外，百度还以其视频流媒体服务爱奇艺而闻名。

如前所述，谷歌已于 2010 年退出中国市场。没有了谷歌的中国检索市场如今已是百度独家垄断的局面。根据 Stat Counter Global Stats 的数据，从中国检索服务的市场份额来看，百度一直保持在 70% ~ 80%；在全球检索市场中，百度的地位仅次于谷歌。

然而，人们却经常诟病百度只是复制了谷歌的检索服务，之后的业务发展也在模仿谷歌。

此外，截至 2019 年 3 月 8 日，百度的总市值为 571 亿美元。而腾讯与阿里巴巴的总市值分别为 4208 亿美元和 4537 亿美元。至少从股市的评估来看，百度在 BATH 当中落后于腾讯和阿里巴巴这两家上市企业。

近年来，百度迟迟不肯对移动支付等金融服务做出回应，有过合作的拼车公司 Uber（优步）退出中国市场，企业高管频繁辞职以及欺诈性广告事件等负面新闻不断被曝光……这一切直接导致了百度与其他企业在股市评估和业绩上的差异。

■ 百度的人工智能业务

在这种情况下，百度孤注一掷，致力于开发包括无人驾驶在内的人工智能业务。2014 年 4 月，百度发布了"百度大脑"。这一平台在计算机上建立神经网络，通过多层学习模式与大量的机器学习进行数据的分析和预测，目的是提高用户检索时的便利性。

2016 年 9 月，百度实现了深度学习平台"飞桨"（PaddlePaddle）的开源化，同时试图吸引世界水平的人工智能工程师加入百度。

2017 年 1 月，百度发布了人工智能语音助手 DuerOS。DuerOS 是在"把人工智能带进生活"的理念指导下，公开百度所拥有的人工智能技术的结果。利用 DuerOS 可以在短期内开发智能设备，例如只需说话就能获得人工智能的帮助。换句话说，DuerOS 就是"百度版的亚马逊 Alexa"。

现在，百度的人工智能业务体系如图 4–5 所示。

以迄今为止所积累的"百度大脑"和云计算为基础，百度战略性地推出了作为前端人工智能技术的人工智能语音助手 DuerOS 以及无人驾驶平台"阿波罗"。

图 4-5 中：

人工智能操作系统是百度的重要产品		平台层（人工智能开放平台）
前端	语音系统 DuerOS / 无人驾驶平台"阿波罗"	认知层（自然语言处理）
		知觉层（语音、图像、视频、AR/VR）
		算法层
后端	百度大脑（A）云	大数据层（B）
百度通过检索业务积累的人工智能技术		云（计算、GPU 等）（C）

左侧：人工智能

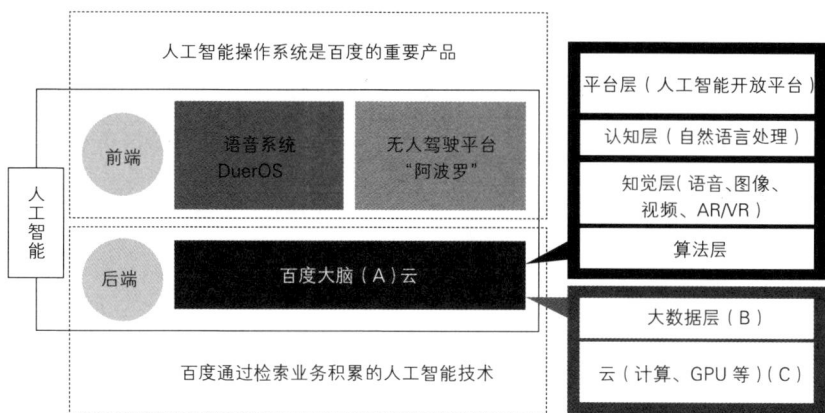

资料来源：2017 年 7 月百度人工智能开发者大会资料

图 4-5　百度的人工智能业务体系

■ 百度所专注的无人驾驶

在"国家新一代人工智能开放创新平台"项目中，中国宣布"2030年中国将成为全球人工智能创新中心和领导者"。开展人工智能业务的 4 家企业当中，百度负责无人驾驶业务。

百度之所以将无人驾驶平台命名为"阿波罗"，是借用了美国成功实施的载人太空飞行计划"阿波罗计划"的含义。

通过百度拥有的无人驾驶技术的开源化，"阿波罗"使得各类合作企业能够建立自己的无人驾驶系统。从 2017 年 4 月开始，仅半年时间就有来自国内外的约 1700 个合作伙伴参与其中，包括戴姆勒和福特等汽车制造商、博世和大陆等大型供应商，以及掌握无人驾驶核心的人工智能用半导体公司 NV 和英特尔等所有层次的主要参与者。

为了分析百度的策略，有必要仔细考察人工智能语音助手DuerOS 的具体开展情况以及无人驾驶平台"阿波罗"的可能性。这些将在后面讨论。

07 百度的五大因素

从"道""天""地""将""法"来进行战略分析

在掌握了百度的要点之后,让我们来具体分析该企业的"道""天""地""将""法"这五大因素。

■ 百度的"道"

百度于 2005 年在美国纳斯达克上市之后,长期肩负着以下使命:

作为一家以技术为基础的媒体企业,我们的目标是为人们提供最好、最公平的方式来找到他们想要的东西。我们提供多种渠道来为用户获取信息和服务。并且除了为互联网上检索的个人用户提供服务外,我们还为企业提供了一个有效的平台,以吸引潜在客户。

以上是百度对作为本业的检索服务所进行的概括。

然而2017年6月，百度改变了使命，其新的使命在于"用科技让复杂的世界更简单"。可以看出，变更后的使命把目光投向了比检索服务更加高级的层次。然而，从这一使命当中很难想象百度具体想要实现什么目标。

就谷歌而言，其业务表明该公司正致力于整理世界上的信息，以便世界各地的人们可以自由访问并使用。这一使命对于谷歌来说不是课题，而是企业的DNA。

然而，从百度的业务来看，笔者并不认为百度正在努力实现"用科技让复杂的世界更简单"这一使命。另外笔者还有一个疑问：百度的员工们是否认可该使命并对其重要性达成共识。

坦率地说，百度之所以发展缓慢，在很大程度上是因为不清楚自己的使命究竟是什么。

另外，百度的愿景是"成为最懂用户，并能帮助人们成长的全球顶级高科技公司"。为了起死回生，百度将目前的方针明确定为大力发展人工智能业务。

■ 百度的"天"

从使命来解读的话，百度的"天"相当于"用科技让复杂的世界更简单"的机会，然而"复杂的世界"究竟指的是什么并不是很清楚。结合百度目前关注的人工智能业务，以及中国国家政策的方向性来考虑的话，"经济、产业智能化的机遇"将成为百度的"天"。在追赶谷歌的检索服务的过程中，通过"大数据＋

以"人工智能+大数据"为核心不断成长

地利 地

- 总部：北京
- 竞争领域："人工智能+大数据"
- 优势：在检索相关领域培养的人工智能技术、积累的大数据
  - 检索、广告：百度核心、P4P平台
  - 视频：爱奇艺、PPS
  - 地图、空间：百度地图、高精度3D地图
  - 各种工具：翻译、百度百科、百度钱包等
  - 无人驾驶："阿波罗"
  - 智慧城市：助力新经济特区建设

管理 法

- 平台&生态系统：人工智能平台与生态系统
- 业务结构：百度核心（移动、检索、推广等）与爱奇艺（视频发布）
- 收益结构：百度核心（8成）、爱奇艺（2成）

使命、愿景、价值观、战略 道

用科技让复杂的世界更简单

使命
成为全球顶级高科技公司

愿景
享受接挑战

价值观

不仅连接信息，更要连接服务
实现地球上所有信息及行为的数字化，使其全部连接成为收入来源

"经济、产业数字化的机会"是"天时"

天时 天

- 政治：中国的国家产业政策"十三五"规划、人工智能政策、电政策、汽车产业政策、新经济特区等
- 经济：经济、产业的数字化、创新驱动型经济"智慧城市"
- 社会：社会"质"的提高（生活水准以及国民素质）
- 技术：数字化、引发创新的技术是机会，如云、大数据、人工智能、机器学习、深度学习、无人驾驶等

领导力 将

- 创始人兼CEO李彦宏的技术至上与绩效主义
一方面精英人才构成管理团队；
另一方面团队成员频繁离职

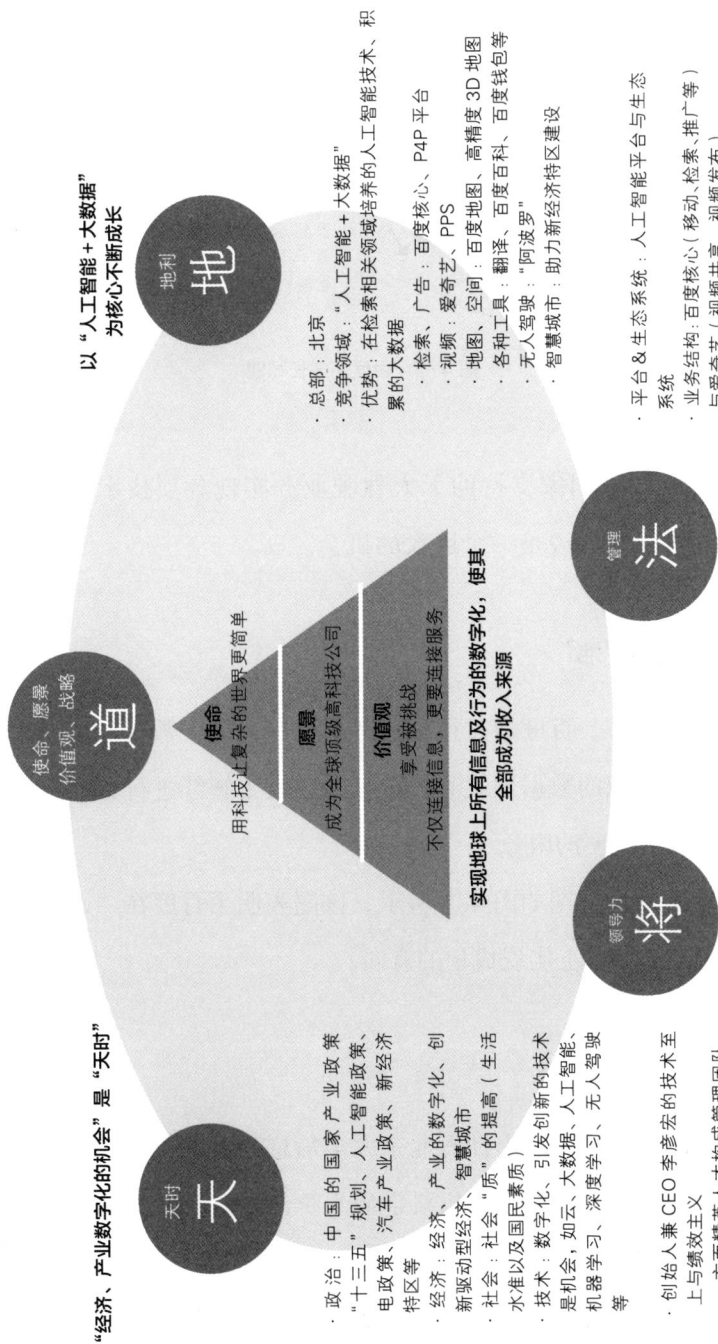

图4-6　用"5因素法"分析百度的大战略

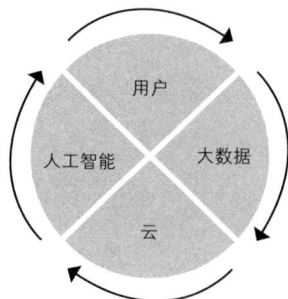

资料来源：2018 年 5 月百度
云 ABC Summit 2018 Inspire
智能物联网大会

图 4-7　百度的成长周期

人工智能"以及国家支持的无人驾驶业务实现各项技术发展，对于百度而言，可以说是一个巨大的机会。

■ 百度的"地"

与谷歌一样，百度通过检索服务收集庞大的大数据。百度战略的实质是将累积的数据加载到云中，通过人工智能进行分析，为每个用户提供最优质的服务。

百度的发展周期如图 4-7 所示，该图表明了百度在"人工智能＋大数据"的基础上实现成长的意向。

■ 百度的"将"

百度的创始人李彦宏拥有北京大学信息科学学士学位和纽约州立大学布法罗州分校的计算机科学硕士学位。他曾供职于道琼斯的分公司以及搜索引擎公司 Infoseek 等，最终创立了百度公司。创立百度公司据说来自他妻子的建议。他的妻子曾对在硅谷过着稳定生活的李彦宏说道：你是 IT 领域的顶尖专家。不应该就这样结束，你应该独立创业。

从李彦宏的经历可以看出，与其说他是一名优秀的企业家，倒不如说是技术精英。百度先于阿里巴巴和腾讯在硅谷建立了人工智能实验室，并宣布将在 3 年内培养 10 万名人工智能工程师。技术专业出身的李彦宏认为，技术研发才是企业存活的根本。他曾在 2015 年 2 月 27 日，面对 80 名万科公司成员激情讲述百度与谷歌的差异时说道：

> 百度还有一个文化是"喜欢被挑战"（Enjoy being challenged）。有时候大家理解为"Enjoy challenge Others"，不是，我们并不是鼓励你去挑战别人，是鼓励别人挑战你，或者说我作为一个个体，我特别喜欢别人对我说"我不同意"。越被挑战，你自己的想法就会越完善，出错的概率就会越低。"战略办"跟我的工作关系也是这样的，如果他跟我讲，我会挑战他；如果我跟他讲，他也会挑战我。最后我们经过辩论形成一个共识。

有观点指出百度是一家重视业绩、以精英为导向的公司，笔者认为这种观点恰恰暗示了如果百度不具备相应实力的话，就无法生存下去。

与其他中美科技巨头的 CEO 相比而言，作为企业家的李彦宏由于工程师出身，更加注重技术，而对有关业务、产品和用户体验的意识相对薄弱。他的这种特征在一定程度上造成了百度对于自身的使命缺乏明确的认识。

■ 百度的"法"

百度的业务结构主要包括开展检索服务等"百度核心"以及视频流媒体服务爱奇艺。此外，还涉及云服务和无人驾驶等其他业务。"百度核心"除了作为搜索服务的百度搜索和百度手机助手之外，还包括在线百科全书百度百科、问答服务、百度知道、支付应用程序、百度钱包、百度地图、人工智能语音助手 DuerOS 等。

根据 2017 年年报，百度 2017 年的销售额为 130 亿美元，营业利润为 24 亿美元。销售额构成中"百度核心"业务约占 80%，视频流媒体爱奇艺业务约占 20%。虽然最近爱奇艺的业绩增长显著，但百度仍然是一家检索公司。

08 通过 DuerOS 形成生态系统，并进一步建设智慧城市

以"把人工智能带进生活"为理念

通过向配备的扬声器"说话"，人工智能语音助手能识别用户的声音并执行各种任务。阅读新闻、订购想要的东西、听音乐、查看天气、打开房间的空调等任务，"只需说话"就能够被执行。从便利性和用户体验的角度来看，人工智能语音助手的界面非常出色。

人工智能语音助手中，虽然前面介绍的亚马逊 Alexa 率先进入市场，但是百度的 DuerOS 也具备同样的理念。

DuerOS 以"把人工智能带进生活"为理念，通过配备的智能设备，"只需说话"就能实现各种功能。此外，与亚马逊一样，百度试图通过向第三方公开 DuerOS 来获取合作伙伴的设备、内容、服务，从而创建生态系统。

百度还在 2018 年国际消费类电子产品展览会上开设了人工智能

语音助手 DuerOS 展区。其中许多配备 DuerOS 的物联网家电给笔者留下了深刻印象，例如中国小度在家的智能机器人"小鱼在家"（Little Fish）、美国生迪（Sengled）的智能音箱，以及日本 Pop in Aladdin 的投影仪内置智能灯等。百度研制的智能扬声器 Raven H 和智能机器人 Raven R 简练的设计令人印象深刻。据称，现在正在开发的人工智能家用机器人 Raven Q 具有人脸识别功能以及与无人驾驶平台"阿波罗"的互动功能。当然，这些产品都属于"只需说话"的人工智能语音助手。

另外，在一年后的 2019 年国际消费类电子产品展览会中，百度强调 DuerOS 正在成长为面向开发人员的开放平台，而不是以面向消费者的应用程序开发，并为此而自豪。

形成庞大的生态系统

这些配备了 DuerOS 的智能设备相当于配备了亚马逊 Alexa 的亚马逊 Echo。正如亚马逊 Echo 作为智能家居平台，实际配备了 DuerOS 的智能设备也将满足各种生活需求。

狭义的 DuerOS 是开发智能设备和解决方案的基本软件，这种智能设备具有"只需说话"的人工智能助手功能。如果设备安装了麦克风或扬声器的话，就可以通过导入 DuerOS，成为智能设备。

具体来说，首先，希望开发具有人工智能语音助手功能的合作伙伴遵循百度公开的 DuerOS 参考设计产品（百度面向希望开发人工智能产品的合作伙伴所公开的设计图）与开发套件。然后，通过使用百度的人工智能就可以实现开发设备的智能化。

截至目前，百度通过检索业务积累了各种人工智能技术，包括算法、表达式学习、网络数据、检索数据、图像、视频、位置信息等大数据以及图像处理等计算能力；并且通过这种积累，百度的人工智能实现了语音识别、图像识别、自然语言处理和用户档案数据访问这 4 个基本功能。这些人工智能技术正是 DuerOS 的核心。

将合作伙伴开发的智能设备与内容和服务联系起来的是技能。所谓技能是指对智能设备发出的指令或者向用户提供的功能。通过技能可以实现看电影、听音乐、检索信息、预定午餐等人工智能语音助手的服务功能。

通过增加合作伙伴的数量来增加技能，可以实现 DuerOS 的功能扩展。截至 2019 年 2 月，DuerOS 的生态系统拥有 10 个领域的技能，合作伙伴已有 200 多个。

配备 DuerOS 的智能设备包括扬声器、电视、冰箱、热水器、空气净化器、电灯、玩具、洗衣机、吸尘器、电饭煲、空调、机器人、立体音箱、遥控器、门锁、窗帘、手表、汽车、移动设备等，不胜枚举。

这些智能设备被应用于人类生活的各个方面，使智能家居和智能汽车成为现实。今后，百度将通过吸引外部合作伙伴获取各种内容和服务来创建一个庞大的生态系统。

与各个地方政府开展合作，建设智慧城市

此外，配备 DuerOS 的家电、汽车和物联网产品等智能设备正在参与智慧城市的建设。

2017 年 12 月，百度与中国河北省雄安新区政府达成协议，在利用人工智能技术进行城市规划建设的"人工智能城市计划"项目上开展战略合作。

雄安新区是中国政府作为发展引擎而设立的新的经济特区。百度与该区政府达成协议，目的是将雄安新区建设成智慧城市，在无人驾驶、公共交通、教育、安全、医疗、环保、支付等各个领域开展人工智能技术的应用。

此外，百度计划正在河北省保定市、安徽省芜湖市、重庆和上海等地与当地政府合作，利用人工智能技术建设智慧城市。

当然，百度的人工智能技术将全部用于支持这些智慧城市建设。人工智能将进入人类生活的各个角落，同时满足各种生活需求。

中国将全面支持作为国家战略的人工智能产业的发展。中国宣布，到 2020 年将打造一个约 90 亿美元的人工智能市场，2030 年后将打造 10 倍规模的约 900 亿美元的人工智能市场。人工智能为低碳社会的实现、宜居城市的建设、人与自然的和谐相处提供了可能，从而解决中国社会的问题。从这个意义上说，作为中国经济和社会政策的一环，智慧城市也将发挥重要作用。

百度将 DuerOS 定位为智能汽车、智能家居和智能手机的基本软件，并试图建立包括所有生活服务在内的生态系统。

另一方面，亚马逊 Alexa 在人工智能语音助手市场中占据首位，它所使用的智能家居平台亚马逊 Echo 也具有绝对的优势。据统计，已有超过 2 万种智能设备安装了亚马逊 Alexa，其配套的智能应用程序也有 6 万种之多。

百度的 DuerOS 是否能与压倒性的"亚马逊 Alexa 经济圈"展开对抗？

09 世界上最大限度开展无人驾驶汽车商业化应用的公司

开展"人工智能＋无人驾驶"业务

2017 年，在中国政府的政策支持下，百度开展"人工智能＋无人驾驶"业务。在百度关注的人工智能业务中，无人驾驶具有非常重要的地位。

让我们来整理一下截至目前百度开展无人驾驶业务的经过，以及现在所处的阶段。

事实上，百度在 2013 年就已经与汽车制造商合作开展无人驾驶业务。除了对完全无人驾驶至关重要的高精度 3D 地图外，还开发了定位（车辆定位）、传感、行动预测、路线规划、智能操作控制等无人驾驶相关技术。

2015 年年底，百度成立了无人驾驶事业部，并在北京周围进行了无人驾驶原型车的试驾。2016 年 4 月，为了专注于无人驾驶的研发与测试，百度在美国硅谷建立了基地。随后，8 月，百度采用了中国五大汽车制造商之一的奇瑞汽车制造的电动汽车作为无人驾驶的试验车，并于 9 月获得了美国加利福尼亚州无人驾驶汽车测试的许可。2017 年 11 月，百度在中国展示了 18 辆无人驾驶汽车并进行了试驾。3 月，在北京海淀区的 3 个路段申请了 8 辆无人驾驶汽车的驾驶许可。

紧接着，4 月，百度将自己作为"中国人工智能之王"所积累的人工智能技术、从检索服务中积累的大数据、高精度 3D 地图知识，以及传感等无人驾驶技术集成到一起，推出了无人驾驶平台"阿波罗计划"。

根据该计划，百度向合作伙伴公开所拥有的人工智能技术、大数据和无人驾驶技术，通过共享向合作伙伴提供能够在短时间内建立自己的无人驾驶系统的"人工智能＋无人驾驶"平台。通过吸引更多的合作伙伴，使百度的"阿波罗"成为无人驾驶汽车领域的平台和生态系统。

百度于 2017 年 4 月公布了"阿波罗计划"，接着于 7 月公开了"阿波罗"1.0，9 月公开了"阿波罗"1.5，逐步实现无人驾驶平台技术的开源化。2018 年公开的"阿波罗"2.0 使无人驾驶技术几乎全部实现开源化。2018 年 7 月公布的"阿波罗"3.0 提供低成本批量化的解决方案以及在限定区域行驶的方案。此时，"阿波罗"的商业化已经达到了可以在简单的城市道路上不分昼夜进行无人驾驶的水平。

2018 年起开展无人驾驶公交车的商业化应用

在 2019 年国际消费类电子产品展览会上，百度作为"世界最大限度实现无人驾驶商业化应用的公司"而备受关注。百度于 2018 年年初宣布了一项无人驾驶公交车商业化应用计划。该计划中,百度在 CES 上结合视频自豪地展示"2018 年实际启动无人驾驶公交车的商业化应用",如今"已经在全国 21 个地区开展",以及"自 2018 年 7 月起,世界上首次大规模生产 4 级自动公交车"等。

而日本的汽车制造商和大型供应商尚且停留在概念车的展示上,需要花费几年才能实现(无人驾驶)商业化应用。谷歌的 Waymo 也终于从 2018 年 12 月开始,在有限的条件下实施无人驾驶的商业化应用。在中国 21 个地区开展无人驾驶的同时,已经进入批量生产的百度可以被称为"从 2018 年开始进入无人驾驶公交车商业化应用的企业"。

无人驾驶公交车的商业化应用相对简单,因为路线是预先设定好的。从百度公开的内容中不难分析出,该公司选择从无人驾驶公交车开始实施无人驾驶的商业化应用实为战略之举。最接近无人驾驶汽车批量生产和收益化的公司不是汽车制造商,而是中国的科技企业。这一点实在令人震惊。

"阿波罗"在吸引大量合作伙伴加入的同时,迅速扩大势力范围。很明显,无人驾驶公交车只是百度的第一步,而最终目标是成为无人驾驶商业化的先驱。"阿波罗"的优势在于获得了中国政府的支持。无论是汽车产业政策还是人工智能产业政策,中国政府始终强调国际合作以及开放等概念。

然而,即使百度已经成为中国国内的平台,今后能否真正走向世界仍是一个难题。百度也需要从以技术为中心发展到以客户为中心。

第五章

BATH×GAFA 的综合分析与中美贸易摩擦

BATH × GAFA

01 总结通过"5 因素法"进行的分析

使命定义业务，引发创新

　　写到这里，笔者已经对中美 8 家企业进行了分析，收获了不少新发现。进入本章之前，让我们先回顾一下通过"5 因素法"进行的分析。首先是以使命为核心的"道"和以经营者的领导力为核心的"将"这两大因素的重要性。本书涉及的 8 家企业中，企业家（"将"）的使命感和价值观对整个企业产生了很大的影响。此外，企业应该如何立足、应该实现什么样的"道"对其他因素也有重大影响。

　　"道"对"天"产生影响，"天"，指的是将什么样的技术作为商业机会进行把握。

　　"道"对"将"产生影响，"将"，指的是应当发挥什么样的领导力。

　　"道"对"法"产生影响，"法"，指的是构建什么样的商业模式以及平台。

这里的"道",指的不仅仅是每家企业明文规定的内容,还是企业真正重视的使命感和价值观。

■ 将 8 家企业的使命分为 4 组

根据"道"的不同,可以将 8 家企业大致分为 4 组。

亚马逊重视顾客,谷歌与阿里巴巴以社会问题的解决为己任,苹果、脸书、腾讯致力于提供新的价值,而百度与华为则以技术为导向。

通过这种分类来比较 BAT(百度、阿里巴巴、腾讯)的话,就会理解为什么阿里巴巴不断构建中国的社会基础设施,为什么腾讯以通信应用程序为核心不断开发新的生活服务,为什么百度虽然在技术上领先,在总市值上却落后于其他两家企业。

■ 8 家企业的共同点

通过对 8 家企业进行分析,不难发现其共同点在于重视平台建设,重视"大数据+人工智能"以及在各自的领域中引领数字化转型,崇尚客户体验至上等。

对"道"的解读有助于了解每家企业的差异和特征,特别是理解如何发展业务,以及预测将来如何继续发展。例如,如果用数字化转型的概念来解释 GAFA 的使命的话,可以理解为亚马逊对客户体验进行数字化转型,苹果通过智能手机对生活进行数字化转型,谷歌对信息整理进行数字化转型,脸书对联系进行数字化转型。

■ 卓越的使命引发创新

在中美 8 家科技巨头当中，如果使命对企业的各个部门都产生影响，则意味着使命已经成为该企业的竞争优势。这样的企业比较罕见。

以使命作为竞争优势并发挥作用的企业，提供的不是单纯的物理商品，而是包含每位员工价值理念的独特销售主张（USP，Unique Selling Proposition）商品，也就是说提供的是"顾客价值"。为了在更好的社会环境中充分发挥自身提供的商品、服务的作用，企业该如何作为？正是这种使命感以及问题意识在实际上引发了创新。正如文中所提到的那样，特别是提供有形商品的苹果，以它为例便很容易理解这一点。

卓越的使命通过成为组织和员工的 DNA，在组织和员工当中发挥领导力的作用。每个员工都自觉地对自己发挥领导力，同时也对周围发挥领导力，在相互发挥领导力的氛围中进行合作，从而实现创新。这就是笔者通过"5 因素法"详细分析亚马逊时提到的观点，8 家企业都具备这种观点。

使命定义业务，引发创新。这是本书强调的分析要点之一。

02 通过 ROA 图进行分析

明确行业类型或公司特征的手法

接下来，让我们分析这 8 家企业的行业类型与公司特征。这里用到的是 ROA 图。它以营业收入利润率为纵轴，以总资产周转率为横轴，在进行企业咨询时，ROA 图用于第一次对企业进行分析。

之所以强调这种方法，因为它将"定量＋定性"分析与"收入结构＋业务结构"分析结合起来。ROA 图分析法本身是一种被称为"财务分析"的定量分析法，同时也是一种定性分析工具，因为它包含了该企业经营战略的成果，如收益结构和业务结构。而且，ROA 代表资产回报率，反映投入的资产产生了多少利润，以及效率性和收益性。ROA 通常由"净利润 ÷ 总资产"来计算。

该图的横轴是总资产周转率，代表"一年内总资产平均转换为现金（销售额）的次数"。该数字按照"营业额 ÷ 总资产"来计算，表示资产的使用效率。一般来说，贸易公司和零售商等销售业以及

ROA（资产收益率）

营业利润
总资产

＝

收益性	效率性

营业收入利润率
营业利润
营业额

×

总资产周转率
营业额
总资产

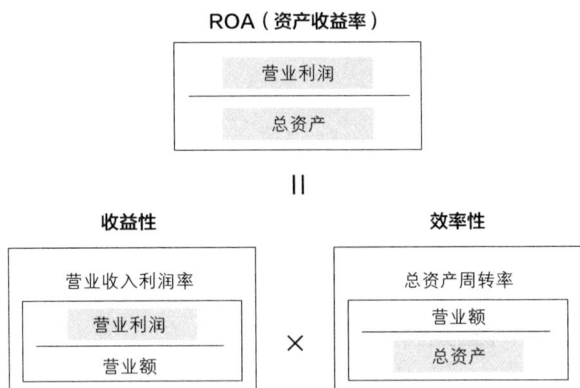

图 5-1　ROA 的思考方式

销售中介行业往往总资产周转率较高，而钢铁、金属、化学等重工业往往较低。在同一行业当中也是如此。

例如，就日本的护理行业来说，需要设备投资（土地、建筑和其他有形固定资产）的养老院总资产周转率较低，而日间服务企业相对较高，家政服务企业则更高。也就是说，设备越少，总资产周转率就越高，利润率就越低。

该图的纵轴是营业收入利润率（营业利润使用的是 8 家企业各自的营业收入或营业利润），通过"营业利润÷营业额"来计算。营业收入利润率反映了该企业的市场地位和意向。一般来说，生产性越高的行业或企业的营业收入利润率往往也越高。

如上所述，ROA 通常以"净利润÷总资产"来计算，但是使用营业利润（主营业务获得的利润）来计算，以营业利润除以总资产，更容易把握实际情况。于是，将 ROA 看作"营业利润÷总资产"

的话，如图 5–1 所示，可以分解为"总资产周转率（营业额 ÷ 总
资产）"×"营业收入利润率（营业利润 ÷ 营业额）"。ROA 图
实现了这些数字的可视化。

■ 关注总资产周转率

接下来让我们通过 ROA 图来对 8 家企业进行实际分析，具体参
见图 5–2。

首先看一下 8 家企业在横轴的总资产周转率上是如何分布的。
值得注意的是，中国的 BAT（百度、阿里巴巴和腾讯）3 家企业的
总资产周转率相对较低。对资产负债表的分析表明，原因在于这 3
家企业将业务所累积的资本更积极地用于新的投资。除亚马逊以外，
3 家美国企业（脸书、谷歌、苹果）的总资产周转率较低也是同样
的原因。

在这 8 家企业当中，亚马逊的总资产周转率最高。考虑到该公
司作为零售企业的性质，就能理解这一结果。这与提供类似业务的
阿里巴巴形成了鲜明的对比，阿里巴巴作为负责中国社会基础设施
建设的企业，正在投资更加广泛的业务，图中的数字也证明了阿里
巴巴已经不再是零售企业了。虽然电子商务、零售业依然是其主要
收益来源，但是阿里巴巴正在提前投资，布局中国的未来。

在这 8 家企业中，华为作为制造业的印象最突出。如果真是如
此的话，预计华为将出现在图的最左边。而实际上出人意料的是，
华为却排在零售商亚马逊之后。这意味着华为作为制造商的生产性
和效率性都比较高，通过从外部获取相关知识扩展业务，因此不需

ROA 图

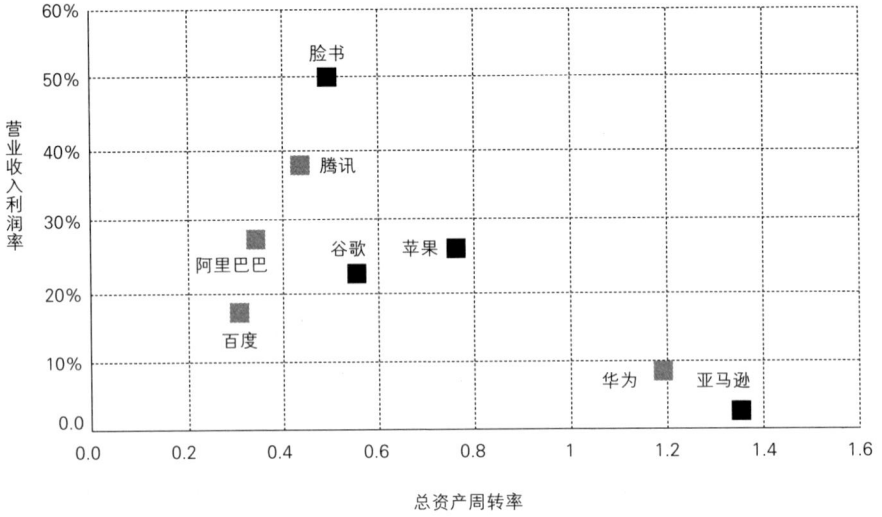

图中标注：脸书、腾讯、谷歌、苹果、阿里巴巴、百度、华为、亚马逊

营业收入利润率（纵轴）：0.0、10%、20%、30%、40%、50%、60%

总资产周转率（横轴）：0.0、0.2、0.4、0.6、0.8、1、1.2、1.4、1.6

ROA 图

公司	总资产周转率	营业收入利润率	ROA（总资产利润率）
亚马逊	1.35	2.31%	3.13%
谷歌	0.56	23.59%	13.25%
脸书	0.48	49.70%	23.90%
苹果	0.73	26.69%	16.34%
阿里巴巴	0.35	27.70%	9.67%
百度	0.34	18.49%	6.23%
腾讯	0.43	37.98%	16.28%
华为	1.19	9.34%	11.16%

资料来源：亚马逊 2017 年 12 月决算财务资料、谷歌 2017 年 12 月决算财务资料、脸书 2017 年 12 月决算财务资料、苹果 2018 年 9 月决算财务资料、阿里巴巴 2018 年 3 月决算财务资料、百度 2017 年 12 月决算财务资料、腾讯 2017 年 12 月决算财务资料、华为 2017 年 12 月决算财务资料

图 5-2　通过 ROA 图分析 BATH 与 GAFA

要在资产负债表上进行不必要的投资。考虑到华为在中美贸易摩擦中占据的重要地位，这一分析结果十分有趣。

■ 关注营业收入利润率

接下来对营业收入利润率进行分析。在总资产周转率方面，除了亚马逊和华为之外，其他 6 家企业的营业收入利润率非常高。

其中，脸书的营业收入利润率竟然高达 49.7%，主要原因在于脸书专注于数字领域，通过开展相关业务打下了高收益的基础，并且以联系这一使命为核心，不在无关领域投资，而是凭借主要业务来维持高收益率。

更令人惊讶的是，腾讯与阿里巴巴保持了高收益，甚至超过了以高收益率著称的苹果。这两家企业在更加广阔的范围内扩展业务，尽管利润率最高的主要业务利润率被稀释。同样值得注意的是，腾讯与阿里巴巴来自各自主要业务的丰厚利润使得积极的创新投资成为可能。

企业家的主观意志导致了亚马逊营业收入利润率的低迷。众所周知，杰夫·贝佐斯明确表示，与短期利益相比，亚马逊更重视可持续的成长和现金流。

从财务报表来看，华为的营业收入利润率走低是由于研究开发费用约占营业额的 15%、营业费用的 49%。可以看出，重视研究开发的经营战略提高了营业费用，从而减少了营业利润。

从 ROA 图对 8 家企业进行综合分析

对作为企业分析重点的定性分析，可以列举业务领域，如产品型或平台型，产品型或基础设施型，以现实为中心或以虚拟数字为中心，等等。其中，前两项尤为重要。这是因为虽然构建平台或建设基础设施需要大量的成本和时间，但成功后的回报更大。这种挑战没必要在短期内以牺牲整个企业的收益为代价。

然而，考虑到企业中长期的成长潜力，这种挑战不可或缺，并且一旦建立后可以转变为平台或基础设施的业务结构，就可以兼顾稳定性和收益性。

如果拥有高收益的产品，那么只要专注于该产品，就可以在短期内维持高收益。但是，如果只生产同样产品的话，很有可能会丧失中长期的成长潜力和稳定性。在考察中美 8 家科技巨头时，这些观点很重要。

迄今为止，笔者采用了"5 因素法"进行分析，接下来，让我们通过 ROA 图更进一步展开分析，以便更加清晰地了解企业的实际情况。

■ 亚马逊

正如杰夫·贝佐斯所说，首先，亚马逊在 ROA 图中的定位明确地反映了该企业的财务战略。这种财务战略可以说是一种将现金流进行投资而不赚取利润的经营战略。就亚马逊而言，如果提高会计利润，开始分红的话，就说明企业的成长已经受到影响，也就是说，出现了"卖出信号"。

■ 脸书

在美国的科技企业当中，通过相对专注于联系这一业务领域从而获得了最高收益率的脸书正相对积极地开展新的投资。脸书的特征在于，除了人工智能之外，还对 VR／AR 进行战略投资。如果这项投资富有成效的话，那么成为 VR／AR 平台的可能就是脸书了。

■ 苹果

苹果位于 ROA 图的中心位置，表明其有很多选择。另一方面，这也意味着企业关注的是当前的业绩和股价，而不是进行新的投资。始终关注有限的产品是苹果高收益的一个主要因素，同时"苹果危机"造成的影响也很大。如前所述，苹果亟须实现医疗保健领域的破坏性创新。

■ 谷歌

通过 ROA 图的分析也会发现，谷歌对于包括高收益的广告业务在内的各种业务进行投资。谷歌"整理信息"的使命产生了巨额利润。今后要求从母公司 Alphabet"让周围的世界更加方便"的这一使命当中创造利润。

■ 百度

虽然百度在 BAT 中的收益性和总市值是最低的，但 ROA 图也反映出百度通过投资人工智能语音助手与无人驾驶这两个领域试图起死回生。然而，关键在于管理模式能否实现从技术至上到创造顾客价

值的转变。百度前进的方向不是进一步的数字化，而是企业整体的
改变。

■ 阿里巴巴

从 ROA 图可以看出，阿里巴巴在中国政府的大力支持下积极建
设中国社会基础设施。另一方面，创始人马云宣布卸任。除了大中
华区之外，阿里巴巴经济圈会扩大到何种程度，这一问题也发人深省。

■ 腾讯

腾讯通过社交软件实现顾客接触，从而将业务领域扩大到生活
服务各个方面。从 ROA 图中可以看出，腾讯凭借极其密切的顾客接
触创造了巨大的后发利益。然而，随着 5G 时代的到来，通过视频以
及 VR / AR 创建新的沟通平台的可能性越来越大，仅仅依靠当前的
商业模式，就有可能导致业务从根本上颠覆。现在的平台和商业模
式强大到"即使起步晚，然而凭借密切的顾客接触就能立即超越"
的程度，以至于出现了反对的声音。

■ 华为

华为已经成为中美贸易摩擦中的重要角色。随着在大美洲的业
务发展以及供应链关闭的可能性越来越高，如何在自己的经济圈内
建立一个包含人工智能与半导体等尖端科技在内的供应链值得思考。
作为一家未上市的不需要创造高收益的企业，华为应当位于 ROA 图
右下方的位置。

03 针对 8 家企业的猛烈批判今后会有什么影响

应对不慎可能造成生存危机?

截至目前,中美 8 家科技巨头的业务扩展始终在稳步进行,然而,从 2018 年春开始情况出现了变化,最终形成了 8 家企业均遭受批判的现状。

产生这一动向的主要因素在于政治、经济、社会和技术等外部环境。除此之外,中美的 8 家科技巨头规模庞大,并且在各自领域都具有举足轻重的影响力,这一点也不容忽视。这种批判的出现有其必然性,应对不慎的话可能给企业带来毁灭性的打击。

■ 数据监管包围网

21 世纪被称为"数据的时代",而数据垄断所造成的对竞争的抑制、个人隐私问题和安全问题等已经成为重要的全球性问题。欧洲对于这些问题采取了谨慎应对的态度,所制定的《通用数据保护条例》（*General Data Protection Regulation*）可以说是针对中美科技巨头的数据监管包围网。美国为了保持本国科技企业的竞争力，在制定法规时采取谨慎态度，但仍免不了采取一定的数据监管措施。尽管存在"数据是谁的"这种道德问题，但可以肯定的是，毫无顾忌地利用数据的局面已经不复存在。

■ 数字税收

关于 GAFA，相对于其庞大的业务规模，它们实际缴纳的税金少得可怜，这一点也引发了猛烈的抨击。由于目前的税收、法制等无法解决这个问题，因此针对 GAFA 的新的"数字税收"将于 2020 年开始在英国实施。可以预见，这一动向将以欧洲为中心，进一步扩散开来。当前的税制已经跟不上外部环境的变化，为了解决纳税不公问题，需要对税制实施根本上的改革。这就需要建立一个"永久性设施"，作为向外国企业征税的依据以及开展业务的场所，而这一设施该如何定义，则需要在全世界范围内进行探讨。

■ 对区域经济的影响

此外，人们还强烈批判 GAFA 剥夺了该地区的就业机会，并削弱了当地经济。以亚马逊为例进行说明。例如，在日本有一个流行术语，叫作"亚马逊效应"，指的是亚马逊的业务发展对各种各样的企业、行业，甚至国家造成的影响以及这种影响本身。亚马逊于 2017 年收购了日本高级超市全食，将业务领域扩展到实体店，导致降价范围从电子商务经济圈扩展到实体经济圈。"亚马逊效应"这个词的定义本身也在不断变化。

有人指出，虽然亚马逊本身在其拥有据点的地区创造了庞大的就业机会，但在其他地区，亚马逊破坏了当地原有的企业、就业和经济生态。这就是美国的"亚马逊效应"的本质。

■ 规模过于庞大以至于连自己都无法控制

8 家科技巨头由于创建的平台变得过于庞大，甚至出现了连自己都无法控制的情况。其中一个典型的例子就是脸书的虚假账户问题。虚假账户不仅被用于发送垃圾邮件和恶意广告，还被用于欺诈以及传播虚假新闻。尽管脸书被迫使用人工智能技术、投入人力来解决这一问题，但以目前的人工智能水平似乎很难完全清除虚假账户。从"规模过于庞大以至于连自己都无法控制"这一事实当中也能感受到技术时代存在的新的系统性风险（从特定机构传播到整个市场的风险）。

■ 中国国内政策调整

当然，针对中国科技巨头的批判也愈演愈烈。毫无疑问，在中美贸易摩擦当中，中国的科技巨头所受的影响更大。针对中国的科技巨头，中国国内也开始进行各种调整。阿里巴巴的支付宝受中国金融机构的监管。作为主要收入来源之一的游戏业务受到限制，导致腾讯股价下跌。

04 世界将何去何从——贸易摩擦的本质

预测未来的最重要因素

毫无疑问，中美贸易摩擦是决定中美科技巨头未来发展的最重要因素。许多有识之士指出"世界恐将分裂"，人们会有越来越多的机会去感受这种分裂。在美国，2018 年 9 月，谷歌前董事长埃里克·施密特（Eric Schmidt）断言："从现在开始，互联网世界将一分为二，一个以美国为主导，一个以中国为主导。"

"现在应该关心的不是中美两极体制的时代是否会到来，而是这一体制究竟是怎样的。"这是清华大学教授阎学通发表于《外交事务》（2019 年 1 月）的文章中的一句话。特别是对于实际从事商务的我们来说，"是不是新冷战"并不重要，重要的是"贸易摩擦将如何发展，而我们又该何去何从"。

世界在中美两极分化中将何去何从

经济全球化当中，比起实际的国界，供应链定义的领域变得更加重要，因此，对政治、经济、社会和技术 4 个领域同时进行战略分析的重要性不言而喻。

中美竞争表现在：政治方面，包括军事与安全保障在内的国力；经济方面，美式资本主义经济与中国特色社会主义市场经济；社会方面，价值观的不同；技术方面，科技主导权之争。虽然中美贸易摩擦有可能在短期内得到解决，但是围绕安全保障和技术主导权的竞争将不可避免地持续更长的时间。另一方面，民间性质的中美交流十分深入，只要不"锁国"，就很难割断这些联系，特别是人与人之间的联系，即使是特朗普也无法割断。

此外，还有不少年轻的美国人认为，不能因为安全保障以及军事上的问题就将特朗普政权的激进行动确定为美国的价值观。笔者于 2017 年 2 月前往美国出差，出于研究目的参加了保守派政治行动会议（CPAC，Conservative Political Action Conference）。会议上美国总统特朗普和副总统彭斯发表了演说。在这次出差期间，笔者切身感受到了美国国内对特朗普政权的反应。民意调查显示，在上一次总统选举中，喜欢多元化的"千禧一代"向特朗普投了更多的反对票。

此外，为了应对表面上看来让人措手不及的特朗普政权的行为，欧洲等国越来越倾向于尽量避免突然的改变，因为那样会造成太大的商业风险。2019 年 2 月 2 日《日本经济新闻》早报以"欧洲、伊朗着手回避制裁——新机构不以美元结算，公司却步不前"为题发表了一篇报道，其中写道：

PEST	美国	中国
（P）政治 包括军事以及安全保障在内的国力	强大的美国	强大的中国
（E）经济 美式资本主义经济与中国特色社会主义市场经济	自由市场型"资本主义"	中国特色社会主义市场经济
（S）社会 价值观的不同	尊重多样性的动摇，即便如此依然尊重个性	社会主义集体主义
（T）技术 科技主导权之争	技术方面的先行利益以及一部分人担心失去霸权	技术方面的后发利益以及作为先行者开始行动

图 5-3　从 PEST 分析来解读中美竞争

为了在美国缺席的情况下维持伊朗核协议，伊朗和欧洲之间终于出台了推动贸易发展的新框架。英国等在 1 月 31 日新机构成立之际宣布开展不通过美元结算的贸易，探索企业避免美国制裁的方式。然而，这种新框架的实效性却难以预测，欧洲与伊朗之间的关系距离"蜜月期"还为时尚早。在美国缺席的情况下，核协议的维持恐怕会难上加难。

虽然这篇文章本身就是关于伊朗的，但为了应对特朗普政权的突然行动，试图开辟一条不受美国影响的途径的这一动向今后将继续发展。值得注意的是，包括对伊朗的回应在内，采取其他对策来抵制美国政策的这一举动本身就表明，这些国家正在削减对美国的支持力度。

更具有冲击性的是，从 2018 年开始，阿里巴巴以支付宝为手段，灵活运用区块链的分布式存储技术，正式开展国际汇款业务，将目标国家扩展到了菲律宾、巴基斯坦等。

到目前为止，美国主导的 SWIFT 支付系统是国际汇款的唯一支持者。因为在目前的技术水平下，以这种方式来管理国际支付已经是最好的方式了。然而，作为分布式技术的区块链已经进入商业化阶段，在中国，阿里巴巴已经开始利用上述区块链来实现电子商务、零售业的商品管理以及国际汇款业务等的商业化。

从重视多样性的观点来看，美国在中美贸易摩擦时期的行为无法获得肯定。由于太过突然而且风险太大，于是美国产生了采取回避对策的动向。最重要的是，实际上任何人都无法阻止技术进步。制约因素的存在反而形成了创新的源泉。

综合考虑以上因素，笔者预测，在"一分为二的世界"当中，会形成立场鲜明的对立态势。

存亡的关键

中美贸易摩擦已经成为所有商业活动当中最重要的因素。对于日本而言，在这样的背景下，有必要提前分析并寻求对策，其中尤为重要的是关注中美科技巨头的业务本身。

在中美科技巨头遭到抨击的背景下，我们应该学会三个词，"信赖""社会性"以及"可持续性"。笔者在参加 2019 年国际消费类电子产品展览会时，印象最深刻的是一个叫作"区块链与媒体、广告的未来"的会议。参加小组讨论的麻省理工学院媒体实验室（MIT Medialab）预测 2019 年的区块链将会很无聊。另外，区块链将在许多地区投入使用。在由媒体、广告行业成员组成的小组讨论中，由于一直以来媒体和广告在消费者心中的信誉度较低，因此有人认为区块链不失为赢得消费者信赖的一个好办法。

即使在广告当中，隐私的重要性也超过以往。除了为个人消费者提供定制服务以外，从现在开始要重视每个人的隐私。广告原本就应该将消费者与企业联系起来。广告应该随着技术的发展而演变，笔者体会到即使在美国也需要更多地考虑消费者的权利。

2019 年国际消费类电子产品展览会与之前的会议有一个很大的不同点，即指出重视数据的同时保护隐私。如上所述，就美国而言，与欧洲正在实施的《通用数据保护条例》相比，更多的人关心的是脸书存在的问题。

无论是看起来多么强大的巨型平台，终究是要为人所用。如果失去了用户的信赖，那么提供平台的公司就将陷入事关生死存亡的危机之中。

数据垄断造成了阻碍竞争问题、个人隐私问题、安全问题。这一系列问题最终引发的"数据究竟是谁的"这一道德问题，说明了社会性以及业务的可持续性正在经受考验。

如果中美的科技巨头最终难逃存亡危机的话，笔者认为不是国家政策所致，而是它们无法获得顾客以及社会的支持所导致的结果。

就"数据究竟是谁的"这一问题而言，我们在免费享受中美科技巨头提供的许多服务的同时，作为交换，我们也向科技巨头提供个人数据。这些个人数据明明是有价值的，我们却将其免费提供。"数据究竟是谁的"，换句话说，就是"究竟该如何灵活使用数据"。这不是国家或科技巨头的问题，而是我们每个人的问题。

最后，我们来谈一谈网络安全问题。笔者于 2017 年 3 月作为某国家项目团长受邀前往近年来作为技术大国而备受关注的以色列，预感以色列的军事技术将会领先于其他国家，其影响力将延伸到地面、太空以及网络领域。在网络安全领域，以色列将保持超过美国的地位。其间，笔者与以色列政府机构、研究机构、大学、民间企业等负责人分别举行了会谈。

其中与本章内容相关的是与阿迪·萨莫尔（Adi Shamir）博士会面，并听取了在以色列魏茨曼科学研究所举办的特别讲座。萨莫尔博士是网络安全领域的领先技术 RSA 密码的开发者之一。当笔者就以色列的下一代高科技发展动态询问他的看法时，萨莫尔博士说道：

不需要传统高速公路那样的立体交叉道，（无人驾驶）汽车将能够在没有交通信号的情况下高速通过交叉路口。也就是说，无人驾驶的商业化应用将使我们不再需要高速公路的立体交叉道。其中，在"定位技术＋人工智能＋物联网"相结合的无人驾驶领域以及所有相关领域当中，网络安全将是今后最受关注的部分。

所有的尖端技术都与网络安全互为表里。我们应当意识到，随着技术的发展，安全问题也会越来越复杂。

另外，笔者在以色列停留期间，经常听到"把今天当作人生的最后一天，竭尽全力去生活"这种人生观。以色列人在历史上长期遭受分裂和迫害，失去了太多的亲人，至今仍被政治、宗教、信仰不同的国家所包围，因此时常具有危机感和紧张感。在以色列，人们经常使用"从 0 到 1"这种表达。许多企业家经常说的一句话就是"每个人都是为了有所创造而生的"。笔者深切地感受到，在重视创造力的背景下，在不知道下一秒会发生什么的危机感当中，人们强烈渴望时刻从事创造性的工作。这一点与最后一章将要提到的"对日本的启示"，特别是最后一节中的"战略要点"是一脉相承的。

终 章

BATH×GAFA 时代，对日本的启示

重新设定日本所应追求的目标

在上一章中，我们提到了对中美科技巨头的批判。考虑到这些批判可能多多少少会减弱来自这 8 家企业的威胁，一些读者可能会松一口气。然而，实际情况却并不是这么简单。本章以"对日本的启示"为主题，就是希望能够引起读者的注意，把目光投向需要我们立即重新审视的问题之上。

这个问题就是目前中美科技巨头所引以为傲的，在日本也引起广泛关注的数字化转型的目标设定问题。

以无现金化为例。美国无现金化的代表是被称为"无人收银"便利店的 Amazon Go。如前所述，Amazon Go 的目的不是提高亚马逊的生产力或解决结构性劳动力短缺问题，而是提供"拿了就走"的快捷、舒适、卓越的客户体验。

在中国，"取了就走"的自动售货机已经投入实际商用。通过读取支付宝或微信支付的付款二维码打开自动售货机，然后取出想要的商品，即刻完成购物和付款，就像 Amazon Go 的"拿了就走"一样快捷。

另外，最近在日本超市中流行的无人收银机要求消费者多次触摸终端屏幕。消费者需要根据屏幕提示依次选择是否需要塑料袋、采用何种方式支付（例如交通系列支付卡）、信用卡是哪家公司的，等等。相比之下，人工收银反而更加方便，于是不少人渐渐远离了无人收银店铺。可以理解，采用无人收银机有利于企业提高生产力并解决结构性劳动力短缺的问题，然而，消费者必须多次触摸屏幕的设计显然降低了服务质量。

在举办 2020 年东京奥运会以及残奥会时，不知用惯了"拿了就走"和"取了就走"的外国人来到日本，用过日本的无人收银机之后会做何感想？服务顾客的精神就不用提了，恐怕连热情待客都算不上吧。

■ 日本人正在失去的优势

现在必须认真审视自己，日本人已经失去了热情好客的精神了吗？如果怀着热情好客的心意开发产品的话，那么即使是同样的无人收银机，也应当对消费者更加友好才是。

另外，由于成本问题，能够引进无人收银机的仅限于日本的大型企业。剩下的日本中小型零售商能够用来竞争的，正是我们正在失去的热情好客精神，而这种精神原本应当是我们的优势。

亚马逊在开设实体店的同时，将线上与线下进行整合，并试图通过 VR 等技术手段大幅减少顾客前往实体店的必要性。很明显，对于日本的中小型零售商而言，商店本身以及员工的存在必要受到了挑战。虽然我们无法否认在不久的将来，亚马逊有可能面向部分用户开展人性化服务，例如面向富人提供礼宾服务等，但很难想象这些人性化服务会对普通消费者开放。因此，对于日本的中小型零售商来说，店铺与员工的重新定义才是生存的关键。

互联网以及数字化的发展削弱了人与人之间的真正联系。方便却缺少人性化的在线产品所带来的不适感则越来越明显。想要与人交流，想要随时咨询，想要从专业人士那里获得专业的讲解，这种对专业知识以及与专业人士建立联系的需求会越来越大。专业性与可信度才是保障店铺与员工不被淘汰的最重要资产。

■ 体谅他人与举止规范

很明显，依靠传统运营方式，店铺很难继续存活下去。今后如何创造只能由实体店铺提供的客户体验才是重点。

以书店为例，我们需要将书店重新定义，从出售图书的商店变为提供信息的场所。以图书为核心，提供文章、视频、图像以及通过五种感官体验到的真实、生动、有趣、热闹、变化、人与人之间的联系等。

更重要的是，在场工作的员工应该能够比人工智能更快速、更准确地把握顾客需求，并且以细致入微的行为来应对顾客。将体谅他人与举止规范这类日本人的传统美德发扬光大，才是中小型零售商的生存之道。

以上列举了无现金化和零售方面的例子，我认为日本的其他行业也是如此。

从批判中美科技巨头的声音中我们应当学到信赖、社交性、可持续性和保护隐私等。如果是这样的话，这些品质原本就是日本人所崇尚的美德。这些美德将帮助日本开辟未来的生存之路。

日本企业所应追求的，不是站在提高生产力、解决结构性劳动力短缺的立场上推动数字化转型，而是应当将目标重新定为顾客便利性和顾客价值的提高，真正推动立足于顾客至上理念的数字化转型。

战略要点

本书的最后将围绕战略要点进行讨论。

本书使用的"5 因素法"的原型，即《孙子兵法》的整体结构，笔者用图终 –1 表示出来。

《孙子兵法》中有一句名言："不战而屈人之兵"。"不战而胜"，正是《孙子兵法》的本质，也是许多人渴望实现的。然而，认真分析《孙子兵法》就会明白，为了实现"不战而胜"，要做好先发制人、提高国力和战则必胜的准备，积蓄力量是必不可少的。另外，"为何而战"作为最基本的问题，在此相当于"道"以及使命。

让我们用《孙子兵法》来观察日本和日本公司的现状。

首先，仅仅旁观是不可能实现"不战而胜"的。做好先发制人、提高国力和"战"则必胜的准备，积蓄力量，而且同样重要的是需要明确使命，思考世界将如何发展，日本在世界中应该如何立足，自己的产业以及企业又该如何立足等问题。

因此，需要从全球化的视点出发，尊重事物的多样性和不同个性，实现国家的共建共享。在这个基础上解读"为何而战"这一基本问题，认真做好"如何备战"的准备，然后引导更多的国家和企业参与到"不战而胜"的政策当中去。

　　最后，附上《孙子兵法》当中最重要的部分、包含"5 因素法"原型"五事"在内的原文与现代翻译，采用了军事研究大家、战史研究家杉之尾宜生的《"现代语译"孙子》（日本经济新闻出版社）。之所以特意引用军事研究家的现代语翻译，而不是根据商业和管理理论进行的现代语翻译，是因为笔者认为有必要重新认识中美贸易摩擦的严峻性。

原文

孙子曰：兵者，国之大事也。死生之地，存亡之道，不可不察也。故经之以五，校之以七计，而索其情。

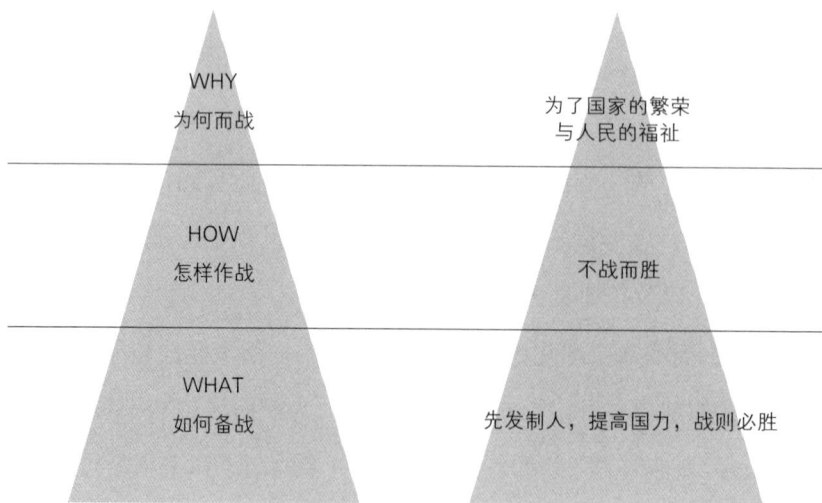

WHY 为何而战	为了国家的繁荣 与人民的福祉
HOW 怎样作战	不战而胜
WHAT 如何备战	先发制人，提高国力，战则必胜

图 1 《孙子兵法》全体构造

现代翻译

孙子说：战争，是国家的头等大事，关系民众生死，决定国家存亡，不能不认真加以考察、研究。

所以，研究军事战争用五事，比较敌我双方用七计，然后探索战争的内情。

笔者真诚希望本书能够帮助更多的企业、个人以及身处中美贸易摩擦当中的日本真正实现"不战而胜"。

译后记

中美间贸易和投资的迅猛发展使双方认识到，避免冲突和发展共同利益才能取得双赢。长期以来，经贸合作被喻为中美双边关系的"压舱石"和"稳定器"。然而，2018年以来，美国采取单边主义措施，挑起贸易摩擦，导致中美之间贸易争端不断。

在过去的一百多年里，美国没有碰到过任何一个竞争对象，能拥有像中国现今的经济体量；也没有任何一个竞争对象，能拥有接近美国GDP一半的经济规模。有人甚至认为中国可能会在今后约十年内超越美国，成为世界最大的经济体。

美国对中国发展的警惕最先体现在了高科技领域的竞争上。中兴和华为早在中美贸易摩擦爆发之前就成了两国经贸关系的焦点。目前，华为事件还在持续升级和发酵。

在全球化的大背景下，中美贸易摩擦涉及的不仅是中美两国，也影响了其他参与世界产业链的国家，其波及范围不可谓不广泛。在这一过程中，我们需要明确的问题是，为什么美国要采取措施限制中国的高新技术发展，中美科技巨头的差距到底有多大，以及双方的战略布局与未来的发展趋势如何。

本书通过对以 BATH（百度、阿里巴巴、腾讯、华为）和 GAFA（谷歌、亚马逊、脸书、苹果）为代表的中美科技巨头进行对比分析，为广大读者思考上述问题提供参考。这正是我们把这本书引介给国内读者的发心。

本书主要有以下三大看点：

首先是立场客观。针对所要论述的中美科技巨头，本书不是站在中美任何一方的立场上，而是从日本这一"第三方"的视角出发，以大量事实为依据，对 8 家企业展开了冷静细致的观察和分析，以期对日本企业寻求出路有所启示。正所谓"既置身事外，又身处其中"，与市场上众多同类书籍相比，这一点难能可贵。

其二是分析手法独特、全面。作者田中道昭先生采用独创的"5 因素法"对 8 家企业进行分析，这一方法取自中国古典军事著作《孙子兵法》。他将古老的军事理论应用于现代企业，实现了"温故知新"。此外，该方法的评价体系囊括了企业经营的方方面面，全面性远远优于以往的分析框架。

第三是分析材料新颖。田中道昭先生是日本立教大学商学院资深教授，专攻企业战略、营销战略以及使命管理与领导力的培养。他平时尤其注重搜集中美科技巨头的最新资讯，积累了大量的一手资料。因此，本书介绍的都是各大企业最前沿的科技动态，如当下备受瞩目的无人驾驶、人工智能语音助手、无人收银便利店等。

在当今世界，以 BATH 和 GAFA 为代表的科技巨头正全方位地影响着人类社会的各个领域，并且今后将发挥越来越重要的作用。译者衷心希望本书能够帮助广大读者了解中美科技巨头之间的同异，更好地认识当今瞬息万变的世界。

李竺楠、蒋奇武

2019 年 8 月